JN139666

ぷちマンガでわかる
微分積分

小島 寛之／著　十神 真／作画　ビーコムプラス／制作

本書は 2005 年 12 月発行の「マンガでわかる微分積分」を、判型を変えて出版するものです。

はじめに

── マンガだからこそできることってあるんだよ ──

今、この本を手に取って開いてしまったキミ。キミはきっと、次のうちのどちらかのタイプに属すると思う。

第一は、すこぶるマンガ好きで、「マンガで微分積分なんてどんな感じなんだろ、わくわく」って思ってるタイプ。もしキミがこのタイプなら、即刻この本をレジにもって行きなさいな。絶対、損はしないって。この本は、「マンガとして」ものすごく面白いものに仕上がってる。だって、十神真という売れっ子のマンガ家が描いてて、ビーコムプラスという本物のマンガプロダクションがシナリオを書いてるんだもの。マンガ誌に掲載されたっておかしくないクオリティなのだ。『美味しんぼ』で料理を学び、『ヒカルの碁』で囲碁好きになり、『マスターキートン』で考古学に萌えたキミなら、きっとこの本で微分積分を好きになれることうけあいだ。

「そうはいうけど、マンガ数学本、って面白かったためしがないじゃん」とキミはいぶかってるかもしれない。そう。実はぼくも、オーム社の編集者からこの原作の話が来たとき、最初は断るつもりだった。世の中の「マンガ〜〜学」って、マンガとは名ばかりで、実際はイラストがいっぱい入ってるだけとか、絵がでかいだけ、という看板倒れでがっかりなものが多いからだ。でも、サンプル（オーム社の『マンガでわかる統計学』だった）を見せてもらって、気持ちはがらりと変わった。こいつは、そういう凡百とはちがって、マンガとして読むにも十分面白いものだったからだ。単なるイラスト説明ではなく、ストーリーマンガだったのも嬉しかった。この本も同じストーリーマンガ路線で行くと編集者がいうので、それなら、とばかりぼくは引き受けることにした。実は前々から「マンガだったらこんな風に教えられるのに」というアイデアを持っており、それを試すいいチャンスと考えたのだ。そんなわけで、キミがマンガにうるさいならうるさいほど、この本が楽しめることを保証する。さ、レジに行きなさいってば。

で、第二のタイプは、「微分積分に苦手意識とかアレルギーとかを持ってるけど、マンガだったらなんとかなるかも」とすがるような気持ちで手に取った人だ。キミがそのタイプなら、今度はぼくの出番。そう、キミの勘は正しい。キミはまったく幸運な人だ。この本はまさに、微分積分で青息吐息の人のためにいろんなリハビリ法が整備してある本なんだ。つまり、ただ「マンガで説明している」っていうばかりではなく、微分積分の「教え方そのもの」も、従来の本とは根本的に異なった工夫をしてある本なのだよ。

まず、「微分積分って結局何をやってることなのか」、そいつをこれでもかと押し出した。これは「極限」（あるいは $\varepsilon - \delta$ 論法）にこだわる教え方では絶対分からない。そして何をやっているのかをイメージできないかぎり、決してちゃんと理解することはできないし、使えるようにもならない。「暗記でしのぐ」というむなしい結末が待っている。この本は、その「極限」をそれこそ極限までカットし、その代わりすべての公式を「1次近似」の考え方に依拠させた。キミはきっと「公式の意味」を、な～んだそういうことか、とイメージ化できるようになるはずである。しかも、この方針変更のおかげで、微分から積分にスムースにしかも最短の時間で到達できるようになった。さらにいうなら、三角関数や指数関数の微分積分という、何度聞いてもちんぷんかんぷんのやっかいなパートを、普通の教科書には書いてない原作者オリジナルの手法で攻略した。また、テイラー展開や偏微分まで取り入れているので、従来のマンガ既刊書よりも懐が広いのも自慢だ。最後に、これはダメ押しだが、微分積分利用の常連客として、物理学・統計学・経済学の三分野にご登場いただき、「微分積分は、めっちゃ実用的なのだ」というネタを満載した。これでもう、あなたにとっての微分積分は、まったく苦行などではなく、便利グッズにさえ思えてくるだろう。

しつこくて申し訳ないが、これらのことは、「マンガだからこそ可能になった」のだ。なぜマンガ一冊を読むと、小説を一冊読む以上の情報が得られるのかをよく考えてみよう。その理由は、マンガというのがビジュアルデータであり、その上さらに「動画」であるからなのだ。ところで微分積分というのは、「動的な現象を記述する」数学だ。だから、マンガを使って教えるにはまさにもってこいの題材なのである。

さあ、ページをめくってマンガと数学のみごとな融合をとくとご覧あれ。

2005年11月

小島 寛之

この物語はフィクションです。実在の人物、団体名等とは関係ありません。
また、図や表については、内容を分かりやすくするため、実際の数値の比率と異なった表現をしているものもあります。

プロローグ

関数ってなんだろう

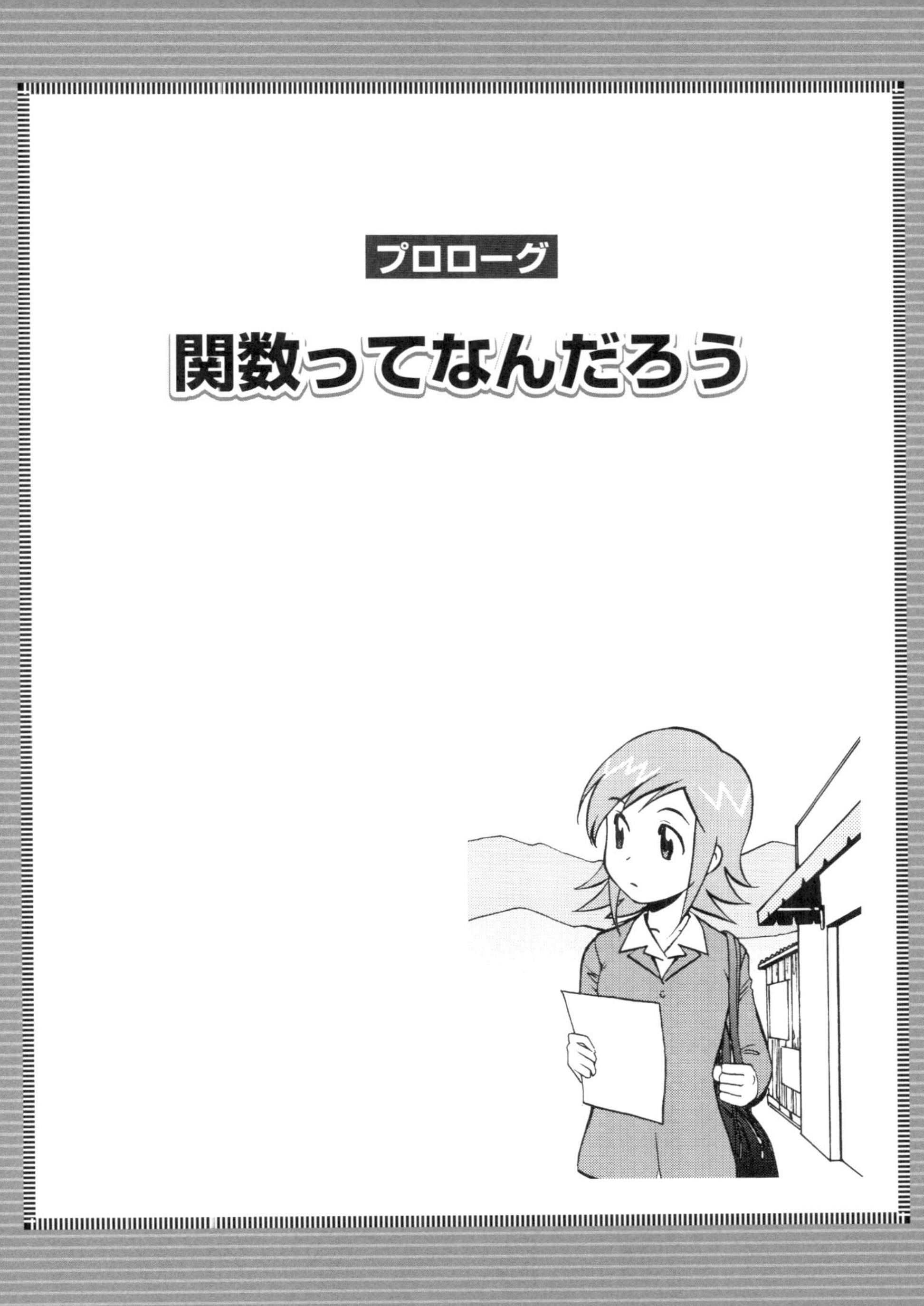

この辺のはず
だけど…
あさがけ新聞社
算田町支局
あさがけ新聞社
算田町支局
ここから私…引間乗子（ひきまのりこ）の
ジャーナリスト人生が
始まるんだ
ガンバる
ぞ――!!
地方新聞だけど
さらに支局だけど
記者に変わり
ないもんねーっ

あさがけ新聞
算田町

算田町支局…
地図が
違ってんのかな
これって…
新聞屋さん…
よね？
あさがけ
新聞

算田町支局でしょ？
みんな間違えるんだ
販売所の方が
でかいから
あさがけ
新聞

隣だよ

あさがけ新聞
ハラ…

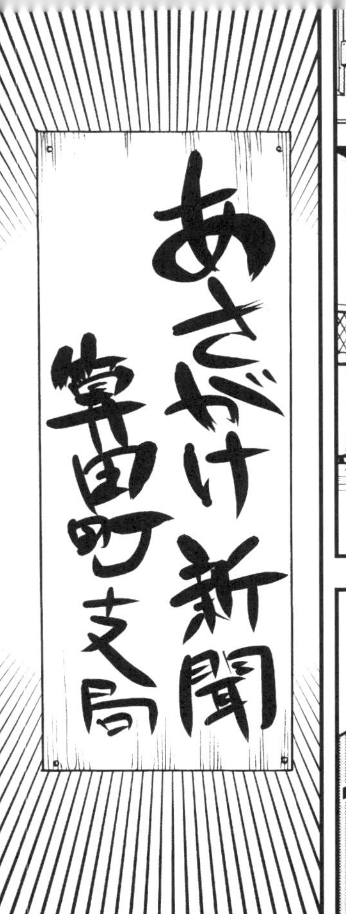
あさがけ新聞
箏田町支局

うそ——っ!!
プレハブじゃん

支局でもここは
正真正銘
あさがけ新聞社
ダメ…
くじけちゃダメよ乗子
仕方ないよ支局だもん

おはよう
ございます！
よーし
気をとり直して
ガラッ

くかー

出前の方
ですか？

くじけそう～～～

出前なら
そこに…
FILE

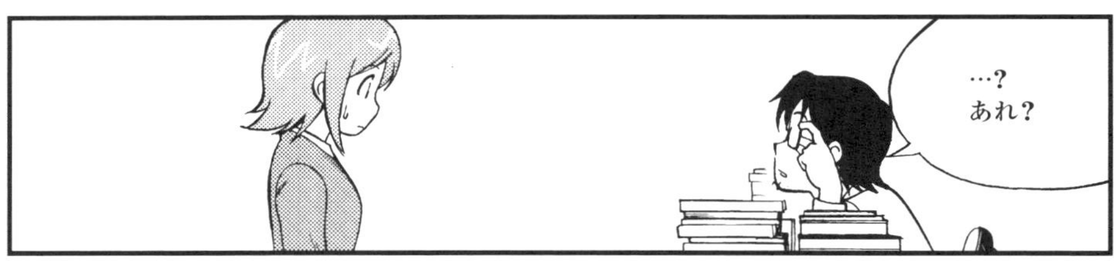
…?
あれ?

そっちのデカいのは
増井くん
ボクの唯一の兵隊
くか～
二人だけ
なんだ…

引間乗子
です
遠かったでしょ
ボクは支局長の
関です

今日配属の
方でしたか

ここはいい所ですよ
モノを考えるには
申し分ない環境だ

そう！
事実について
考える
考える……？

ある事実は
他のある事実と
なんらかの関係を
持っている
それを理解しないと
真実の報道は
できません

真実の…
報道!!
キラーン

うーん
引間さんは
文系でしたね
ハイ！
高2から
文系一本でした

じゃあ…
まずは関数から
やってみますか
え!?
か…関数？

一つの出来事が
こうなるともう一つは
こうなる。関数とはつまり
相関性のコトです
世の中は
関数そのもの
なんですよ

関数はそもそも
「関係」とか「因果」、
「変化」や「単位変換」を
記述するもの
「因果」なんて
結果から原因追究する
記者魂そのもの
じゃないですか
……
ハア…

関数はよく
$y=f(x)$の式で
表されるのを
知ってますか?
いいえ!!

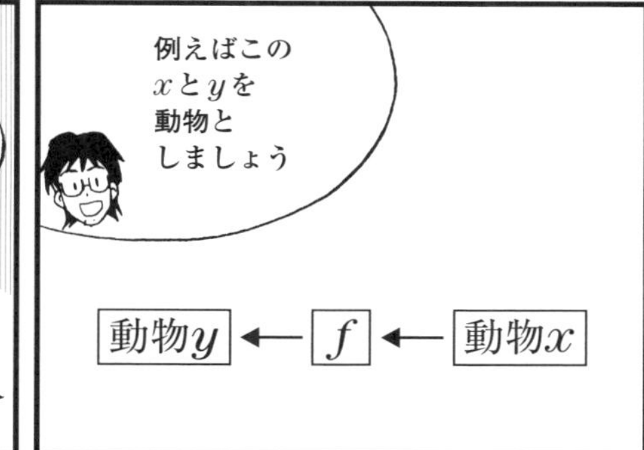
例えばこの
xとyを
動物と
しましょう
動物y ← f ← 動物x

xをカエルとしよう
カエルをfという箱に
入れて変換したら
yという
オタマジャクシが出て来た
x
f
y
あの…
fって
何ですか?

英語で関数を表す
functionのfです
functionには
「機能」とか「働き」の
意味もあるよ
xにある規則や関係を
与えて
yを導き出すという意味で
fを使ってる
function
ファンクション
ホントはどんな
アルファベットでも
いいんだけどね

この場合の
fは
「親」と「子」の
関係・規則を
表してるね
親
f
子
ってことは…
xがにわとりだったら
yはヒヨコになる
わけだ

OK！
じゃちょっと
これを
見てください
ザ

給与所得控除
見直しの影
例えば
所得と消費の関係も
関数で見ることが
できる
あー
ボーナス増えると
デパートの
売り上げが
上がるとか

マッハ9.6 ギネス
超音速機　X43A
音速と気温も
関数で表せるんですよ
1℃上がるごとに
0.6m/秒速くなると
言われています
ヤッホー
山の気温も
100m上がるたび
約0.5℃
下がりますよね

どう？
我々の生活は
関数だらけ
なんですよ
確かに

ここは時間がある
こんなことをゆっくり
考えられる

ここで考えることが
いつか役立つかも
しれません

こんな支局でも
どうか
ガンバってください
…ハ
ハイ!!

ドッシ〜ン
うわ

あてててて…

あれ…出前の人もう
来たんだ…で
ボクの親子丼はどこ?
大丈夫
ですか?

増井くん
出前はまだ
この人はねー
ゴロン
まだか…出前が
来たら
起こしてください…
ぐ〜〜〜…

…出前
来ました?
いや
来てないけど
いや増井くん
この人は
今日から——
不安
グ〜〜〜〜

■ 表１　関数の特徴

記述例	計算式	グラフ例
因　果	温度x℃の時コオロギが１分間に鳴く回数y回/分 温度x℃の時コオロギが 1分間に鳴く回数y回/分はおおよそ $y=g(x)=7x-30$ で表される ↑　↓　（ここでは$g(x)$を使ってみよう） $x=30$℃　$7\times30-30$ １分間に180回鳴くってわけ	グラフを描くと 直線になっている （１次関数） 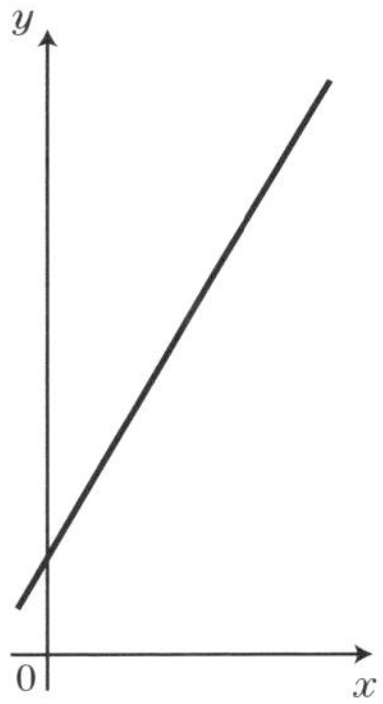
変　化	x℃の空気中の音の速さ　y m/秒は $y=v(x)=0.6x+331$ で表される 15℃の時 $y=v(15)=0.6\times15+331=340$ m/秒 －5℃の時 $y=v(-5)=0.6\times(-5)+331=328$ m/秒	
単位変換	華氏x(°F)を摂氏y(℃)に変換する $y=f(x)=\frac{5}{9}(x-32)$ ↑　↓ $x=$華氏50°F　$\frac{5}{9}(50-32)$ → 摂氏10℃ということ	
	コンピュータが２進法(0, 1)で扱う情報のパターン xビットの表す情報量yパターン $y=b(x)=2^x$ （4章130ページで扱われる）	グラフを描くと 指数関数になっている 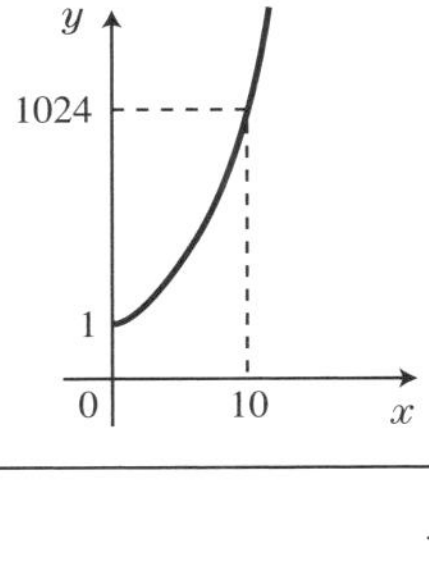

グラフにした時に、直線や決まった形の曲線では表現できない関数もあるんだ。

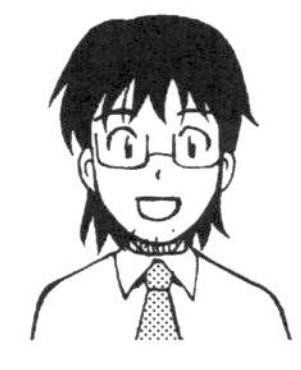

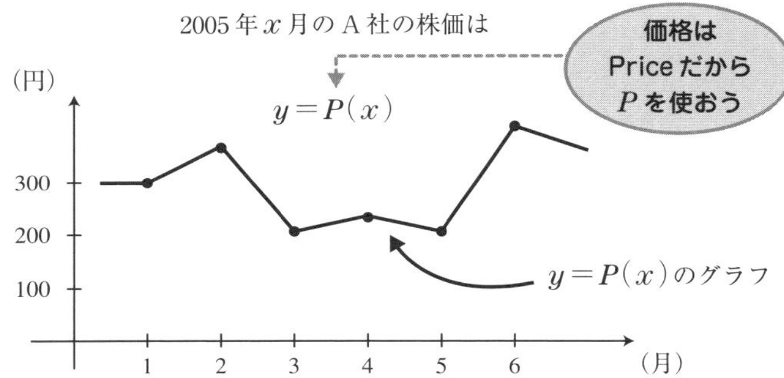

$P(x)$は知っている式では表せないが、関数には違いない。
7月になれば$y=P(6)$は決定されグラフが描ける。
5月のうちに$y=P(6)$を知っていれば大もうけできる!!

関数をつなぎ合わせることを「関数の合成」と言う。関数の合成によって因果関係を広い範囲に発展させることができるんだ。

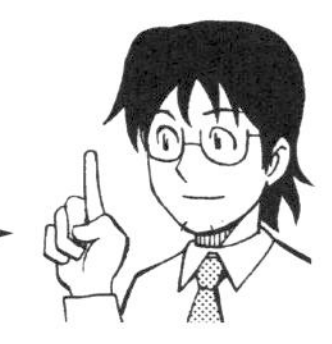

$x \rightarrow \boxed{f} \rightarrow f(x) \rightarrow \boxed{g} \rightarrow g(f(x))$ ← fとgの合成関数

プロローグ 練習問題

1. 華氏x°Fの時のコオロギが1分間に鳴く回数z回/分を求めよ。

第1章
関数をはしょって要約することが微分

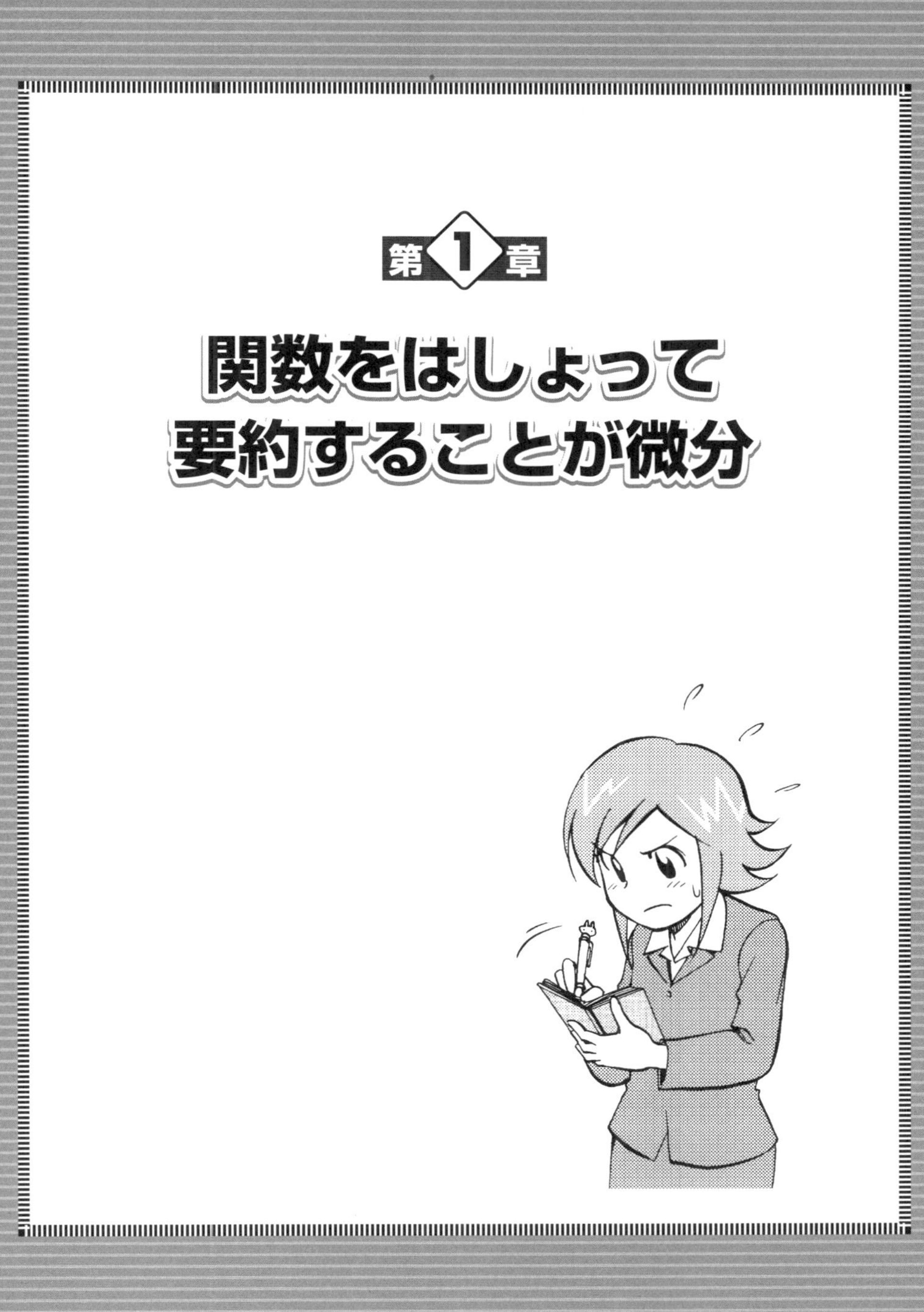

1 関数に近似することのメリット

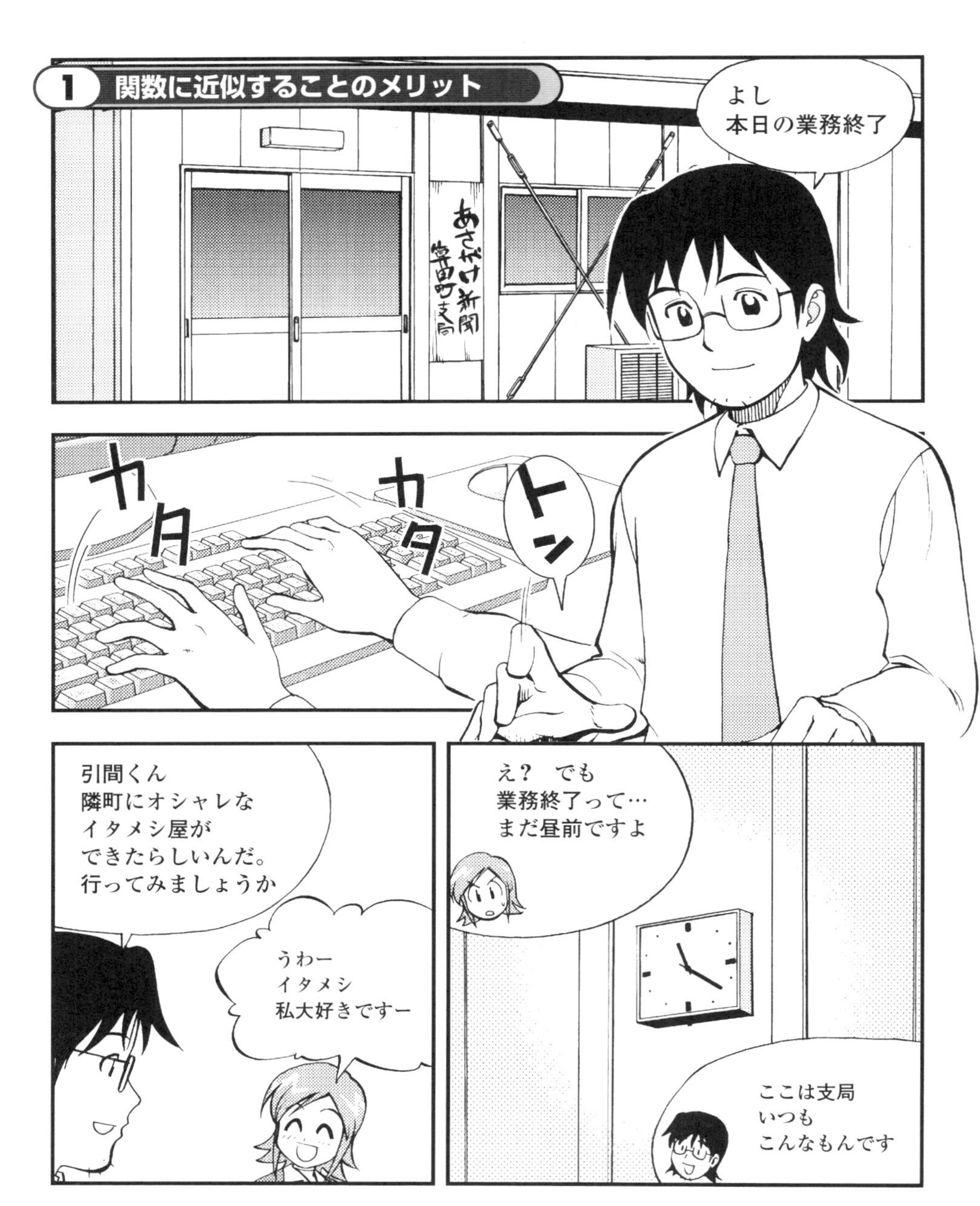

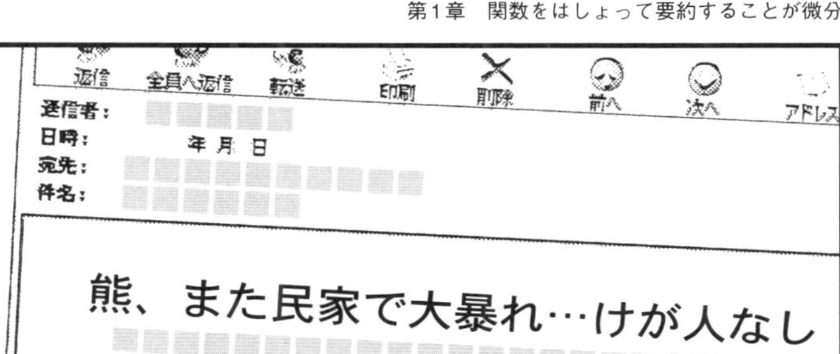

県内で評判算田町のスイカ

ま、毎日こんな
記事ばかり
送ってるん
ですか

こういうベタな
記事も
捨てたもんじゃ
ないですよ

人生の機微が…

この辺で
首脳会談が
あるわけもないしねぇ
ボリ
ボリ
時間が
止まってるのよね

引間くん
ここでの経験を
プラスにすれば
いいんです

やっぱし
こんなトコで働くの
イヤ～!!

君が今後
どの分野に進むか
分からないが
本社で通用する
レベルまでは
私がみっちり
鍛えてあげます

ところで
日本の景気は
デフレが続いてると
思いますか
景気対策に
身近で感じる所では
まだまだデフレっぽい
ですけど…

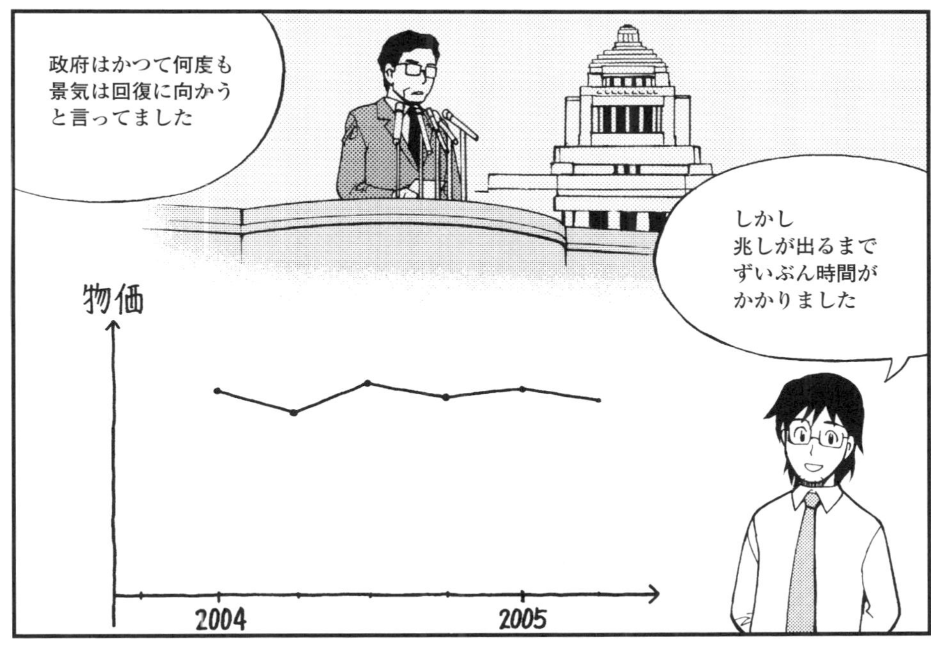
政府はかつて何度も
景気は回復に向かう
と言ってました
しかし
兆しが出るまで
ずいぶん時間が
かかりました
物価
2004
2005

まず記者として
肝要なのは
知りたいことは何か
です
うっすらと
嫌な予感…

まずここで一番
知りたいのは
今物価は
上がっているか
それとも
下がっているのか
ということ
そして
知りたいことを求める時
分かりやすい関数で近似すると
物事が見えてくるんです！
ここでは
1次式
$y = ax + b$
ビシィ
ま…また
数学
やっぱり

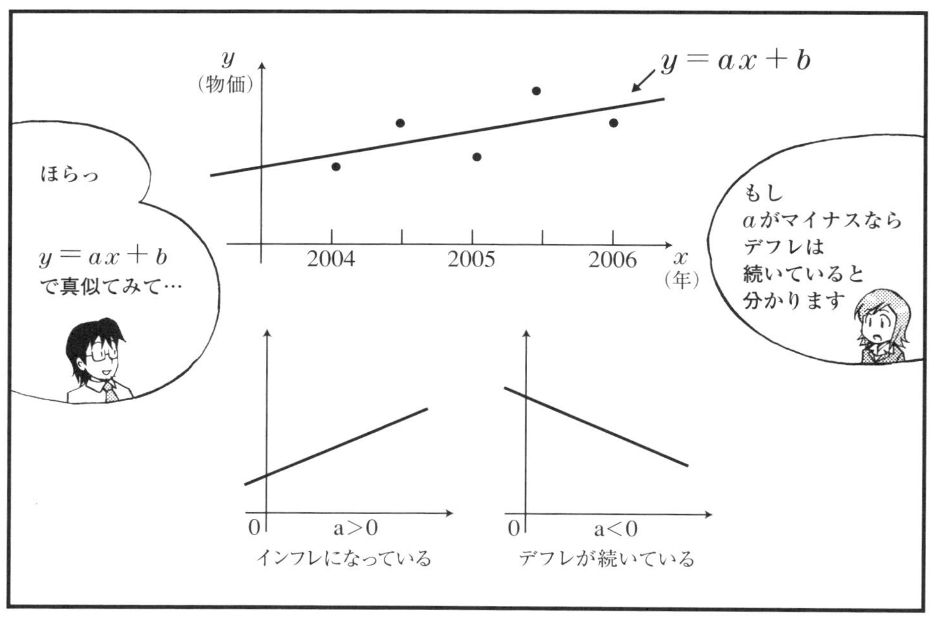
ほらっ
$y = ax + b$
で真似てみて…
y
（物価）
$y = ax + b$
2004
2005
2006
x
（年）
もし
aがマイナスなら
デフレは
続いていると
分かります
0
a＞0
インフレになっている
0
a＜0
デフレが続いている

うん
物分かりが
いいですね…
グ〜

では
続きはイタメシ屋で
やりましょうー
ガタッ

増井くん！
あとヨロシク
間食は
控えめにねー

間食と言えば
ダイエット本で
ベストセラーを出した
アイドル男優Kを
知ってますか？
ええ

でも今は
リバウンドで
また急激に
太り始めましたよね

もう体重増加の
ピークは
過ぎたよ
事務所は
本人に
注意しましたが
とKは答えました。
そこで事務所が
知りたいのは？
Kの言うように
本当に
体重増加は
鈍っているのか

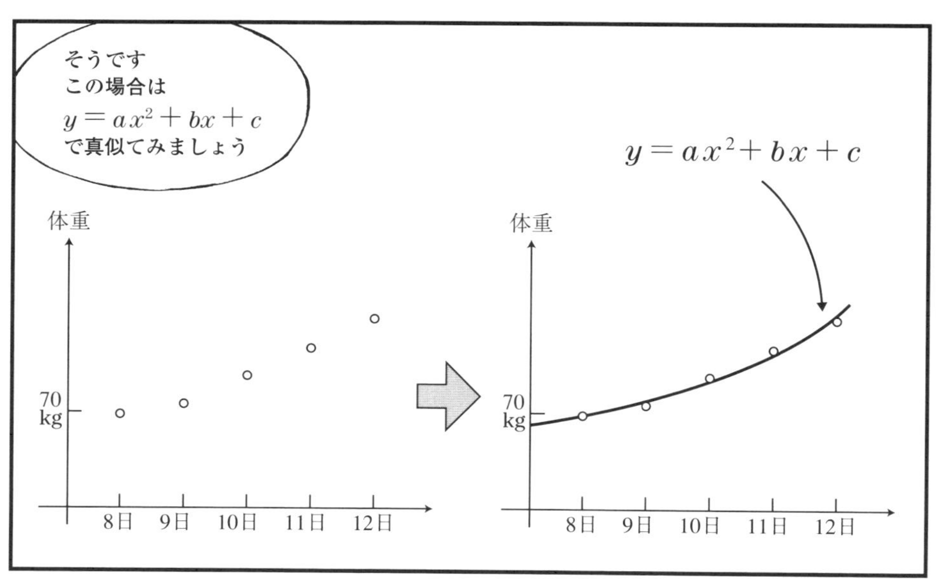
そうです
この場合は
$y = ax^2 + bx + c$
で真似てみましょう
体重
70
kg
8日
9日
10日
11日
12日
$y = ax^2 + bx + c$
体重
70
kg
8日
9日
10日
11日
12日

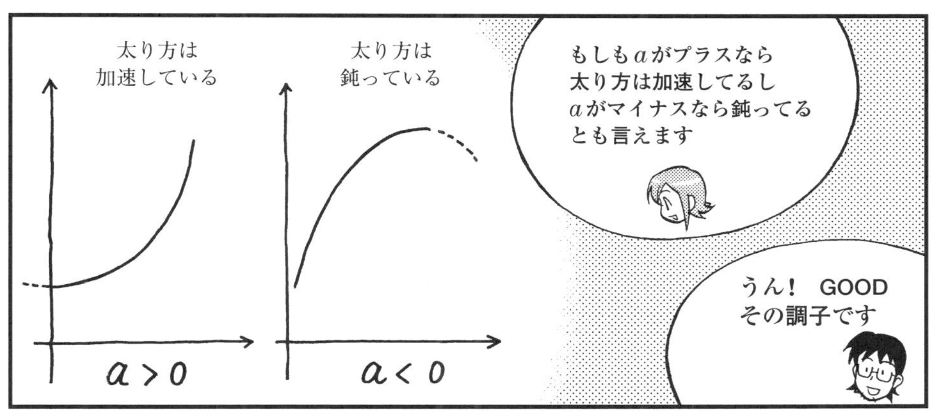
太り方は
加速している
$a>0$
太り方は
鈍っている
$a<0$
もしもaがプラスなら
太り方は加速してるし
aがマイナスなら鈍ってる
とも言えます
うん！ GOOD
その調子です

この辺りは
田舎だから
急カーブが
多いんですよ

そうだ
それぞれのカーブの
曲がり具合を
知りたいと
するでしょう？
別に
知りたくないです

それなら
円で
近似するると
いいんです
………

ほら
コース上の点での曲がり方を
仮に円周上を回っていると
見なした時の半径が
Rとなる
R
R
そして
Rが小さいほど
厳しいカーブに
なる…
あっ！
危ない！

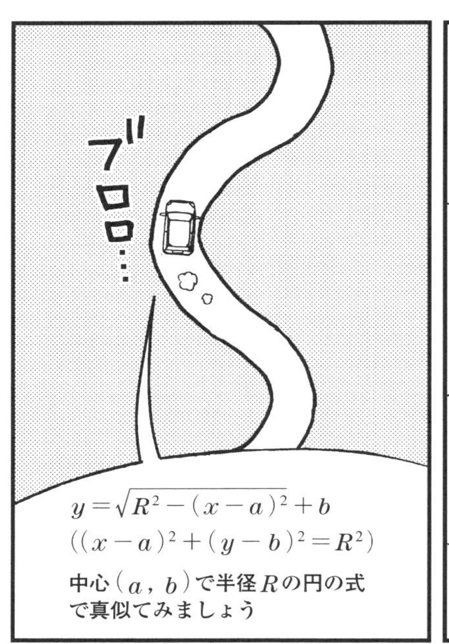
ブロロロ…
$y=\sqrt{R^2-(x-a)^2}+b$
$((x-a)^2+(y-b)^2=R^2)$
中心(a, b)で半径Rの円の式
で真似てみましょう

ドカーン

だ、大丈夫ですか？
何とか…

あそこが
目的のイタメシ屋
なんですけど…
は…
はるか彼方ですね

お!!
ピン

ハア？
この事故現場を
仮にPとしましょう

そして
この道路を
大きなナイフで切った
としましょう
イタメシ屋
P
事故現場

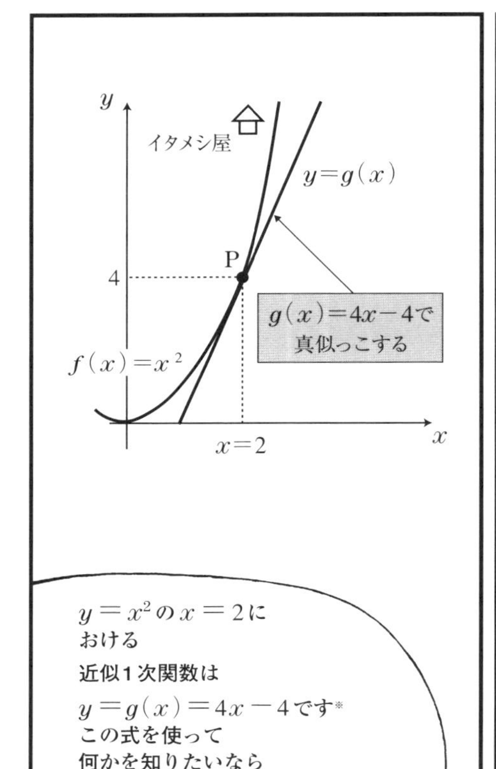
イタメシ屋
$y=g(x)$
P
4
$g(x)=4x-4$で
真似っこする
$f(x)=x^2$
$x=2$
y
x
$y=x^2$の$x=2$における近似1次関数は$y=g(x)=4x-4$です※この式を使って何かを知りたいなら例えばこの坂の傾斜になります

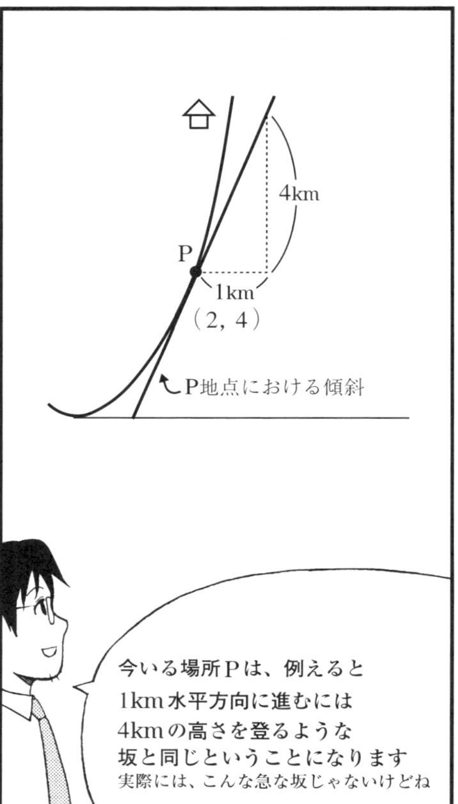
4km
P
1km
(2, 4)
P地点における傾斜
今いる場所Pは、例えると1km水平方向に進むには4kmの高さを登るような坂と同じということになります
実際には、こんな急な坂じゃないけどね

※理由は29ページ

支局長の頭の中を知りたい時は何に近似すればいいんですか?
あ、増井くん?事件ですちょっと手を貸してください
場所?場所はP地点です

2 誤差率に注目してみよう

$$\text{誤差率} = \frac{(\boldsymbol{f}\text{と}\boldsymbol{g}\text{の食い違い})}{(\boldsymbol{x}\text{の変化})}$$

こういうこと

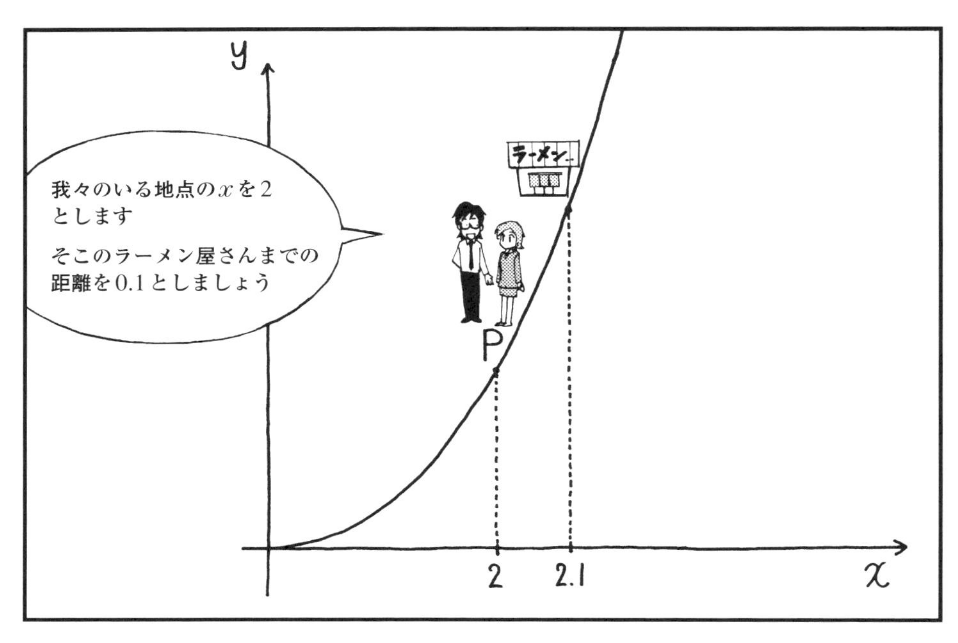
我々のいる地点のxを2
とします
そこのラーメン屋さんまでの
距離を0.1としましょう
ラーメン
P
y
x
2
2.1

次に私が立ってる
この位置を
仮に0.01としましょう
ラーメン
P
y
x
2
2.01
2.1

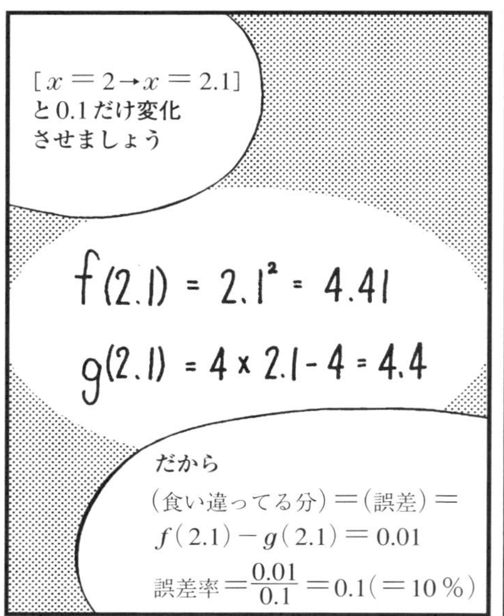
[$x=2\to x=2.1$]
と0.1だけ変化
させましょう
$f(2.1) = 2.1^2 = 4.41$
$g(2.1) = 4 \times 2.1 - 4 = 4.4$
だから
（食い違ってる分）＝（誤差）＝
$f(2.1) - g(2.1) = 0.01$
誤差率$=\frac{0.01}{0.1}=0.1$（＝10％）

［x＝2→x＝2.01］と
変化を0.01にしてみます

誤差 $f(2.01) - g(2.01) = 4.0401 - 4.04 = 0.0001$

誤差率

$$\frac{0.0001}{0.01} = 0.01$$

$= [1\%]$

ラーメン屋さんよりも
誤差率が
小さくなったね

つまり
事故現場のそばなら
そばであるほど
$g(x)$は$f(x)$を
よく真似ていると
言えるわけです

変化分 ⟶ 0　とすると、誤差率 ⟶ 0

xの2からの変化分	$f(x)$	$g(x)$	誤　差	誤差率
1	9	8	1	100%
0.1	4.41	4.4	0.01	10%
0.01	4.0401	4.04	0.0001	1%
0.001	4.004001	4.004	0.000001	0.1%

↓ 0　　　　↓ 0

当たり前といえば
当たり前な話
ですよね
スゴイ！
もう微分係数の
ことを
理解しているじゃ
ないですか

だから…
誤差率の一番
小さいお店は…
ラーメン
…
ラーメン屋さん

ストレートに
言ってくださいよ！
ラーメン屋さんに
するって!!
はい
今日のところは
P地点により近い
ラーメン屋さんに
します

・近似1次関数というのは、元の関数と誤差率が局所的に
ゼロになるようなものだよ
・だから、局所的な性質については、元の関数の代わりに
近似1次関数を使っても、正しい結論を導けるのです
・具体的な計算は39ページを見てください

ラーメン
らあめん

ズズズズ…
なんで救援に来た
増井さんが
一番食べてるの
かしら…

引間くん
何気なく見てるテレビCMの
費用対効果も
さっきの近似計算から
見当をつけられるんだよ?
へーっ

ボー…
はぁーイタメシ
食べたかったなぁー
ラーメンも
好きだけど…

3 生活にだって応用の効く関数

これはそのS社の
取締役が自社の
人気商品の利益を
上げるために
CM放送の時間を
増やしたか減らしたか
というお話です
大手飲料メーカーの
S社は
知ってますよね

やります！
頑張ります！
聞かせてください！
そういえば
本社にいた時
この問題を解けたヤツが
一人だけいたなぁ…
そいつは今やバリバリの…
へぇー…
……

大手飲料メーカー
S社の1カ月の
テレビCMの放送時間をxとします
x時間のCMの効果により
商品売り上げの利益は
$f(x)=20\sqrt{x}$ 億円と
分かっています
ザ定食 680
つけめ
激辛
スタ

ここでCM放送の契約は
1分あたり1,000万円
である

CM1分＝1,000万円

ステップ1

この
$f(x)=20\sqrt{x}$ 億円は
複雑な関数なので
真似っこ1次関数を
作ってみて
大体の見当を
つけてみましょう

$f(x)=20\sqrt{x}$ 億円

⇩ 真似

$y=g(x)$

全体を1次関数で
真似るのは無理だから
現在の放送時間
$x=4$ 時間の近辺で
真似ることにします

※接線の計算（39ページの導関数の説明文も見てね。）

$f(x)=20\sqrt{x}$ に対して $f'(4)$ は

$$\frac{f(4+\varepsilon)-f(4)}{\varepsilon}=\frac{20\sqrt{4+\varepsilon}-20\times 2}{\varepsilon}=20\,\frac{(\sqrt{4+\varepsilon}-2)\times(\sqrt{4+\varepsilon}+2)}{\varepsilon\quad\times(\sqrt{4+\varepsilon}+2)}$$

$$=20\,\frac{4+\varepsilon-4}{\varepsilon(\sqrt{4+\varepsilon}+2)}=\frac{20}{\sqrt{4+\varepsilon}+2}\quad\text{——}\ (☆)$$

$\varepsilon\to 0$ とすると、分母 $=\sqrt{4+\varepsilon}+2\longrightarrow 4$ なので　(☆) $\longrightarrow \frac{20}{4}=5$

だから、近似1次関数 $g(x)=5(x-4)+40=5x+20$

xの変化が1時間とかの
大きい数字だと
$f(x)$と$g(x)$は
食い違いすぎて
使い物にならない

現実的には
CMの放送時間を
増やすにせよ減らすにせよ
ほんのわずかの時間でしょう

う〜ん

例えば
6分（＝0.1時間）程度の
増減を考える場合は

変化が小さい時に
誤差率が小さいことから

この近似が
使えるんですよ

答えは…
CMを減らすと決定した！
正解です！

ところで…
さっき本社で
あの問題が解けた人って
…誰なんですか？

じゃあ
実社会で働く人は
ビジネスや生活の
さまざまな場面で
関数を応用して
いたんですね
意識的にせよ、
無意識的にせよ
そういうことに
なりますね

だ、だってさっき
バリバリ…って
言ってた
じゃないですか
バリバリの
支局員ですよ

あーあれは
増井くんです
ズズズ
ガクッ
で――――!!

!?
ガッ

キッ

これが解けたら
私もバリバリのマスコミ人に
なれると思ったのに…
はぁ…

ちっきしょー!
負けないぞー
ごはんも食べたし
車を何とか
しましょー!!
ズルズルズル

増井さん!
もっとちゃんと
持ち上げてよ!
バリバリの支局員
なんでしょ?
支局員とは
関係ないでしょ～
この作業は…

4 真似っこ1次関数の求め方

関数 $f(x)$ の $x=a$ のところで真似っこ1次関数 $g(x)=kx+l$ を求めよう。

傾き k を求めればよい。

$g(x)=k(x-a)+f(a)$　（$g(x)$ は $x=a$ の時 $f(a)$ と一致）……Ⓐ

次に $x=a$ から $x=a+\varepsilon$ まで変化した誤差率を計算してみよう。

$$(\text{誤差率})=\frac{(\text{変化した先での}f\text{と}g\text{の食い違い})}{(x=a\text{からの変化})}$$

$$=\frac{f(a+\varepsilon)-g(a+\varepsilon)}{\varepsilon}$$

$$=\frac{f(a+\varepsilon)-(k\varepsilon+f(a))}{\varepsilon}$$

← $g(a+\varepsilon)=k(a+\varepsilon-a)+f(a)$
$=k\varepsilon+f(a)$

$$=\frac{f(a+\varepsilon)-f(a)}{\varepsilon}-k\underset{\varepsilon\to 0}{\to}0$$

← ε を0に近づけた時、誤差率が0に近づく

$$k=\lim_{\varepsilon\to 0}\frac{f(a+\varepsilon)-f(a)}{\varepsilon}$$

← $\varepsilon\to 0$ の時、$\frac{f(a+\varepsilon)-f(a)}{\varepsilon}$ の近づく値が k

（$\lim_{\varepsilon\to 0}$ は、ε を0に近づけた時の値を求めよ、という命令を表す）

この k に対し、Ⓐという1次関数を作ると、$g(x)$ は $f(x)$ の近似関数となる。
k を $f(x)$ の $x=a$ における**微分係数**と呼ぶ。

$$\lim_{\varepsilon\to 0}\frac{f(a+\varepsilon)-f(a)}{\varepsilon}$$

$y=f(x)$ のグラフ上の各点 $(a, f(a))$ における接線の傾き

f にダッシュを付けて f' という記号を作り、

$$f'(a)=\lim_{\varepsilon\to 0}\frac{f(a+\varepsilon)-f(a)}{\varepsilon}$$

（$f'(a)$ は $y=f(a)$ の $x=a$ のところの接線の傾き）

これを x に直してもよい → $f'(x)$

← f' を x の関数として見ることができるから「関数 f から導かれた関数、すなわち関数 f の**導関数**」と言う

まとめ

・微積分で登場してくる極限計算とは、単なる誤差の式である。

・極限とは微分係数を求めることだ。

・微分係数は与えられた点における接線の傾きである。

・微分係数は変化率そのものだ。

$f'(a)$ （$f(x)$ の $x = a$ における微分係数）は

$$\lim_{\varepsilon \to 0} \frac{f(a+\varepsilon)-f(a)}{\varepsilon}$$ で計算される。

$g(x)=f'(a)(x-a)+f(a)$ は、$f(x)$ の**近似1次関数**となる。

$f(x)$ の $(x, f(x))$ における接線の傾きを表す $f'(x)$ は、$f(x)$ から生み出される関数という意味で $f(x)$ の**導関数**と呼ぶ。

なお、$y=f(x)$ からその導関数 $f'(x)$ を求めることを**微分する**と言う。

$y=f(x)$ の導関数の記号は $f'(x)$ のほかに

$$y', \ \frac{dy}{dx}, \ \frac{df}{dx}, \ \frac{d}{dx}f(x)$$

なども使われる。

定数関数、1次関数、2次関数の導関数を求める

(1) 定数関数 $f(x)=\alpha$ の導関数を求める。$x=a$ における微分係数は、

$$\lim_{\varepsilon \to 0} \frac{f(a+\varepsilon)-f(a)}{\varepsilon} = \lim_{\varepsilon \to 0} \frac{\alpha-\alpha}{\varepsilon} = \lim_{\varepsilon \to 0} 0 = 0$$

よって $f(x)$ の導関数は、$f'(x)=0$

(2) 1次関数 $f(x)=\alpha x+\beta$ の導関数を求める。$x=a$ における微分係数は、

$$\lim_{\varepsilon \to 0} \frac{f(a+\varepsilon)-f(a)}{\varepsilon} = \lim_{\varepsilon \to 0} \frac{\alpha(a+\varepsilon)+\beta-(\alpha a+\beta)}{\varepsilon} = \lim_{\varepsilon \to 0} \alpha = \alpha$$

したがって $f(x)$ の導関数は、$f'(x)=\alpha$

(3) マンガにも出てきた関数 $f(x)=x^2$ の導関数を一般的に求めよう。$x=a$ における微分係数は、

$$\lim_{\varepsilon \to 0}\frac{f(a+\varepsilon)-f(a)}{\varepsilon}=\lim_{\varepsilon \to 0}\frac{(a+\varepsilon)^2-a^2}{\varepsilon}=\lim_{\varepsilon \to 0}\frac{2a\varepsilon+\varepsilon^2}{\varepsilon}$$

$$=\lim_{\varepsilon \to 0}(2a+\varepsilon)=2a$$

したがって、$x=a$ における微分係数は $2a$ であり、記号で書くと、$f'(a)=2a$
よって、$f(x)$ の導関数は、$f'(x)=2x$

第1章 練習問題

1. 関数 $f(x)$ と1次関数 $g(x)=8x+10$ がある。この時、x を5に近づけると、二つの関数の誤差率は0に近づくと分かっている。

(1) $f(5)$ を求めよ。　(2) $f'(5)$ を求めよ。

2. $f(x)=x^3$ の時、導関数 $f'(x)$ を求めよ。

第2章 微分の技を身に付けよう

!

○○社、○○工事受注において
独占禁止法違反容疑で刑事告発受
スゴーイ!!
○○社って言えばリーディングカンパニーじゃない

すっごいスクープですよね!?

……

もちろん
です!!
引間くんもいつか
そんな大きな問題を
取材したいでしょうね

ねえねえ
関さんたちも
本社時代は
結構スリリングな
特ダネとか
取ってるんじゃ
ないですか？

ガク
全然

何
自慢してん
ですか！
特オチや誤報なら
多かったかな
問い合わせ先の
電話番号を
間違えて始末書
書いたこともあるよ
ハハハ

新聞ジャーナリズムに
対する期待が
大きいのは分かったけど
大事なのは基本ですよ
まあまあ
引間くん

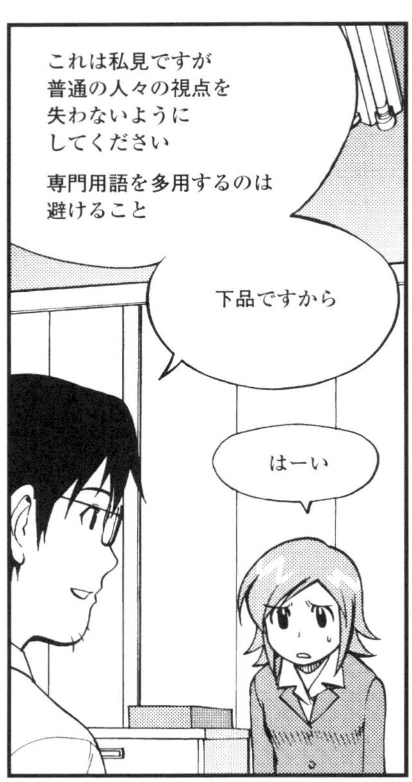
これは私見ですが
普通の人々の視点を
失わないように
してください
専門用語を多用するのは
避けること
下品ですから
はーい

それと知ったかぶりは
いけません
どんな問題であれ
知らなかったら聞く
調べる
増井くんは
まだ若いけど
調査能力は
群を抜いてますよ
フフ〜ン
ムッ

私は
知ったかぶりなんて
していませーん！
キャーッ

ところで
独占禁止法って
なんのために
あるんでしたっけ？
ガタ
ドッ

えーっと…
公正取引委員会が
会社やお店が
競争を阻害するようなことを
していないかどうか
見張っているのは
知っていますね？
もちろんです
怪しい…

会社やお店は
より良い商品をより安く
消費者に提供しようと
努力していますよね
大特価
それは会社やお店が
品質や価格を競争した
結果ですよね

そういう競争をしないで
おこうと取り決めたり
競争を邪魔するようなことが
起きると消費者が
極端な不利益を
被ります
そうならないように
公正取引委員会が
取り締まっていると
いうわけです
なるほど

ここで実際に
独占禁止法が
微分的にも
なぜ必要かを説明するため
「動く歩道」の話を
しておきましょう
???
は？

和の微分の公式、
これは使えるから
絶対
覚えてください

1 和の微分

公式 2-1 | 和の微分公式

$h(x) = f(x) + g(x)$ の時

$h'(x) = f'(x) + g'(x)$

和の微分は
微分の和
ということ
なんです

どういう
ことですか？

分かりました
$x = a$の近辺で
見当をつけて
考えましょう
前に
やりましたよね
サラ
サラ

$f(x) \underset{\text{まね}}{\sim} f'(a)(x-a)+f(a)$ ——①

$g(x) \underset{\text{まね}}{\sim} g'(a)(x-a)+g(a)$ ——②

キュッ

この時
$h(x) \underset{\text{まね}}{\sim} k(x-a)+l$ ——③
…となるkを
知りたい

$h(x) = f(x) + g(x)$
だから
①と②を
代入しましょう
フム
フム

すると…

$$h(x) \sim f'(a)(x-a)+f(a)+g'(a)(x-a)+g(a) \quad \text{—④}$$

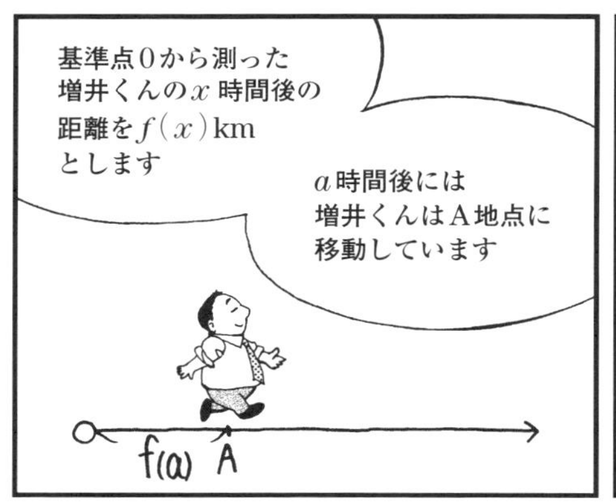
基準点0から測った
増井くんのx時間後の
距離を$f(x)$km
とします
a時間後には
増井くんはA地点に
移動しています
f(a)
A

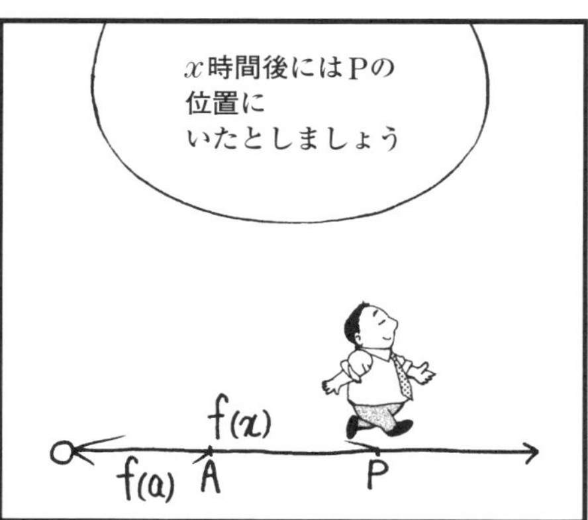
x時間後にはPの
位置に
いたとしましょう
f(x)
f(a)
A
P

増井くんは
$x-a$時間で
AからPへと移動した
わけですね
そうなりますけど
それが何か

この移動時間$x-a$を
ごくわずかと
見るんです
$f(x) \underset{まね}{\sim} f'(a)(x-a)+f(a)$
これを
変形すると
$\frac{f(x)-f(a)}{x-a} \underset{ほとんど同じ}{\sim} f'(a)$

関さん
これ左辺は
(移動距離)÷(移動時間)
だから…
速度のことですか?
そう
つまり$f'(a)$というのは
点Aを通過する時の
増井くんの速度を
意味します

ってことは
微分って
$f(x)$が距離を表す関数の場合
速度のことになるんだ！
シュタタタタ

そうです　すると
$h(x)=f(x)+g(x)$
の時
$h'(x)=f'(x)+g'(x)$
は次のことを
意味するんです

今度は動く歩道を
歩いてもらいます
動く歩道は
x 分で$f(x)$m移動します
その歩道の上で計って、
増井くんはx 分後に$g(x)$m
移動します
x 分に$g(x)$m移動
x 分で$f(x)$m移動
増井くんのx 分間の
移動距離は
$h(x)=f(x)+g(x)$
となります

すると
$h'(x)=f'(x)+g'(x)$
というのは
どういうことを
意味しますか？

増井さんの
地上から見た移動速度が
本人の歩道上の速度と、
歩道そのものの速度を加えた
ものになるということ…
ですよね
そうなんです

もう少しだけ
待ってください
物事は基本が
大事と
言ったでしょう
でも当たり前
と言えば
当たり前ですよね
これと独禁法と
何の関係が？

ハァ
ハァ
ゼェ
ゼェ
はーい
次も
基本の一つ
積の微分です
これも料理で言えば
下ごしらえだから
覚えておいてください

2 積の微分

公式 2-2 | 積の微分公式

$h(x) = f(x)\ g(x)$ の時、

$h'(x) = f'(x)\ g(x) + f(x)\ g'(x)$

積の微分にかたっぽだけ微分したものどうしの和

かたっぽだけ?

そう
$x = a$ の近辺で
考えてみよう

$$f(x) \underset{\text{まね}}{\sim} f'(a)(x-a)+f(a)$$

$$g(x) \underset{\text{まね}}{\sim} g'(a)(x-a)+g(a)$$

$$h(x)=f(x)\,g(x) \sim k(x-a)+l$$

$$h(x) \sim \{f'(a)(x-a)+f(a)\}\{g'(a)(x-a)+g(a)\}$$

この時二つの式の右辺から
$(x-a)$ の項だけ
取り出せばいいんです!
すると…
(x-a)

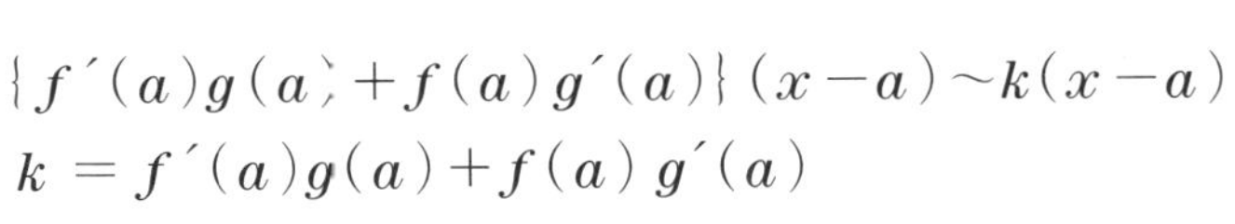

$$\{f'(a)g(a)+f(a)g'(a)\}(x-a) \sim k(x-a)$$

$$k = f'(a)g(a)+f(a)g'(a)$$

と分かりました

※実際は、レンタルビデオ店にも有名なチェーンがあるように、どんな商品にもたいていブランドがあり、完全競争市場ではありません。したがって、完全競争市場というのは、架空の理想状態だと言えます。

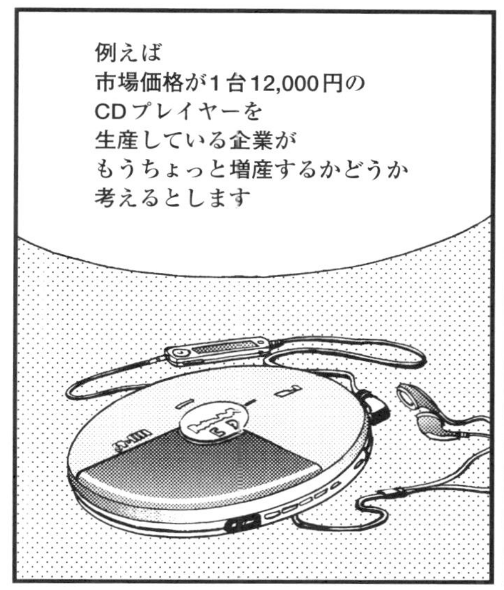
例えば
市場価格が1台12,000円の
CDプレイヤーを
生産している企業が
もうちょっと増産するかどうか
考えるとします

増産の費用が
1個あたり1万円なら
この企業は
増産するでしょう
だってもうかるもんね…
増産
増産
たくさんの企業が
同じ商品を
生産していますから
自社の増産程度では
値崩れが起きるとは
想定しないんです

ただ増産によってだんだん
生産効率が落ちてきますから
いずれこの企業は
1個増産するコストが
市場価格の12,000円になって、
これ以上の生産が
割が合わなくなり
生産をそこに固定することに
なるでしょう
つまり
(価格)=(1個あたりの増産費用)
フムフム

これに対して
1社のみが独占的に商品を
供給している「独占市場」という
環境では話が
違ってきます
その商品を
供給する会社は
自社だけですから
増産すれば値崩れを
誘発します
独占　市場

今
xだけ生産して供給した時の
それら全部を
完売できる価格は
xの関数で$P(x)$だと
分かってると
しましょう
ちなみにこの時
xを増やすと値崩れするので
価格の変化を表す
$P'(x)$はマイナスですね

そうです
この時の売り上げは
こうなります
キュ
キュ

売り上げ$=h(x)=$価格×供給量$=P(x)\times x$

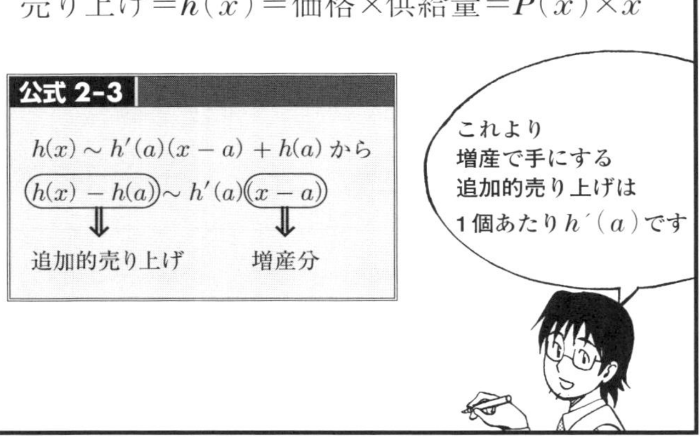

公式 2-3
$h(x) \sim h'(a)(x-a)+h(a)$ から
$h(x)-h(a) \sim h'(a)(x-a)$
追加的売り上げ
増産分
これより
増産で手にする
追加的売り上げは
1個あたり$h'(a)$です

分かった！
これが生産費用と比べて
どうであるかを考えて
増産するかどうかを
決めればいいんですね

そういうこと
$h(x)=P(x)x$ だから
さっきの積の微分を
思い出して！
かたっぽだけ微分
ですね

※xの微分は1である（40ページ）

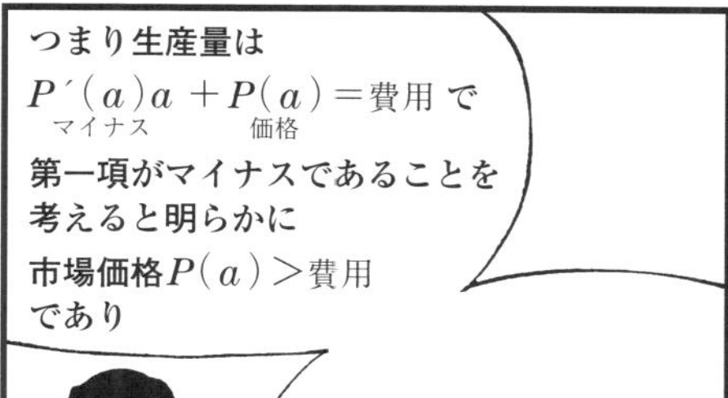

（あとちょっと増産した時の売り上げ増（1台換算））

$= h'(a) = P'(a)a + P(a)$

最後の式の2項は

$P(a)$は、あと1台増産分を販売して手に入る売り上げ

$P'(a)a =$（値下がり分）×生産台数→値下がりがすべての生産商品に及んで被る大損害という意味になっている

どう思います？
引間くん
どうって？
独占企業は
あと1台売って手に入る
お金とともに
値崩れが全商品に及んで
被る損害も考慮して
生産をストップして
いるんだよ
！

そうだとすれば決して社会に
意地悪しているわけじゃなく、
利潤追求という資本主義の
原則どおりの行動を
しているにすぎない
したがってこの企業を
道義的に悪いと
責めても仕方がない
けれども
結果としてみれば
消費者や社会にとって
「出し惜しみ高値」となって
よろしくないので
「独占」は制度（法律）で
禁じられている…という
結論になるんです

関さん
スゴイ!!　すべての社会問題は
微分で解けるんですね！

?
…すごい

じゃ
教えてください
恋は!?
大人の恋愛は
どう解くんですか
どど～ん

な
何よ…!!
え～～～～～
ムリに
決まってん
じゃん

ぶ…部長！

トゥルルル…
ガチャ
はい
あさがけ新聞
算田町支局…

あさがけ新聞社

君の
問題の記事を
K新聞が
詳しく聞きたいそうだ
部長

はあ…

いきさつを
知りたいと言ってきた
名誉挽回の
チャンスかも
しれないぞ

ええ
……
はい…

……
ありがとうございます
…よく考えてみます

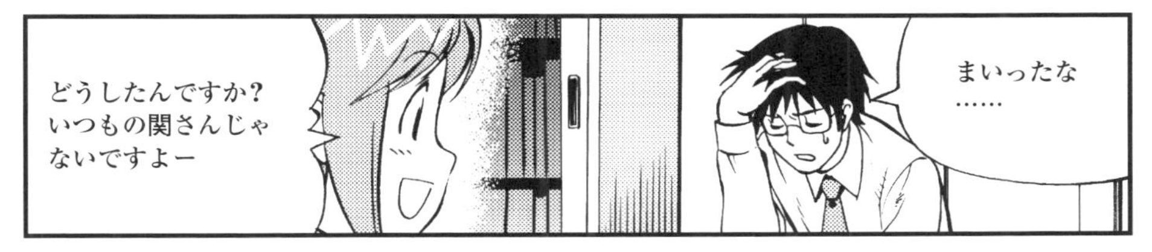
どうしたんですか?
いつもの関さんじゃ
ないですよー
まいったな
……

…!

…!?
あ、…いや
大したことでは…

公式 2-4 ｜ n 次の関数の導関数

$h(x)=x^n$ の導関数は $h'(x)=nx^{n-1}$

どうしてそうなるのか？　積の微分公式を繰り返し使えばよい。

$h(x)=x^2$ の時、$h(x)=x\times x$ より、$h'(x)=x\times 1+1\times x=2x$

たしかにそうなっている。

これを使った

$h(x)=x^3$ の時、$h(x)=x^2\times x$ より、

$h'(x)=(x^2)'\times x+x^2\times(x)'=(2x)\,x+x^2\times 1=3x^2$

たしかにそうなっている。

これを使った

$h(x)=x^4$ の時、$h(x)=x^3\times x$ より、

$h'(x)=(x^3)'\times x+x^3\times(x)'=3x^2\times x+x^3\times 1=4x^3$

たしかにそうなっているね。

あとはずっと同じ。多項式の微分は次の三つの公式を組み合わせれば、必ずできる！

公式 2-5 ｜ 和、定数倍、x^n の微分公式

和の微分公式　$\{f(x)+g(x)\}'=f'(x)+g'(x)$　——①

定数倍の微分公式　$\{\alpha f(x)\}'=\alpha f'(x)$　——②

x^n の微分公式　$\{x^n\}'=nx^{n-1}$　——③

$h(x)=x^3+2x^2+5x+3$ を微分してみよう。

$h'(x)=\{x^3+2x^2+5x+3\}' \underset{①}{=} (x^3)'+(2x^2)'+(5x)'+(3)'$

$\underset{②}{=} (x^3)'+2(x^2)'+5(x)' \underset{③}{=} 3x^2+2(2x)+5\times 1=3x^2+4x+5$

フゥ…

ちょっと
出てくる…
ガラ
………

気に
しないで
いいよ
それよりさー

引間くんに
取材に
行ってきてほしいんだ
ワクワク
取材
ですか!?

うん
算田町遊園地の
ジェットコースターが
改装されたらしいんだ
田舎のジェットコースターか…

4 微分＝0で極大・極小が分かる

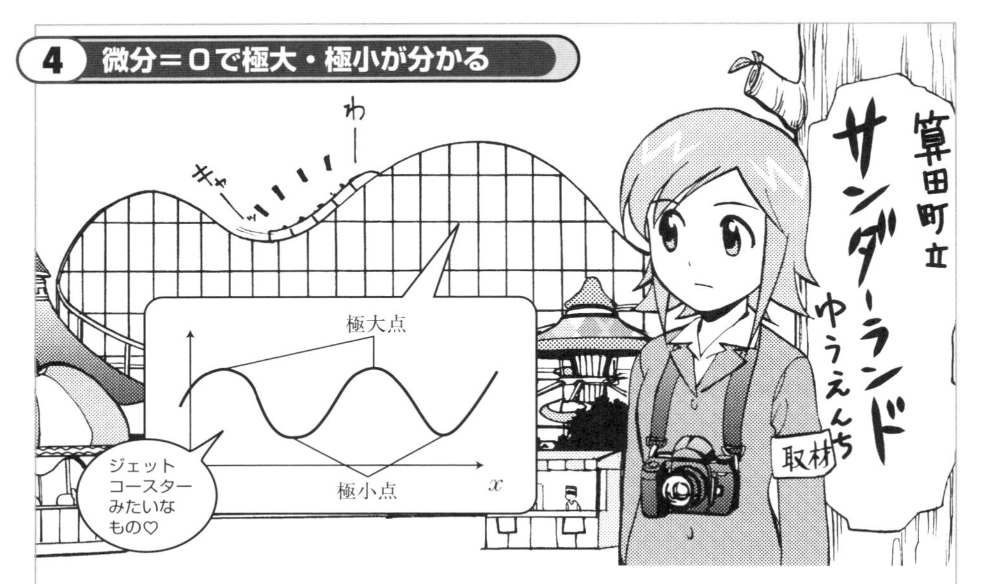

極大点とか極小点は関数の増減が変わるところだから、関数の性質を調べる上で大切です。極大点・極小点は、最大点・最小点になることが多いので、何かの（最適解）を知りたい時に重要な点となります。

定理 2-1 （極値条件）

$y=f(x)$ が $x=a$ で極大点か極小点となるなら $f'(a)=0$

つまり、極大点・極小点は $f'(a)=0$ を満たす a から見つければいいのです。

いま $f'(a)$ がゼロじゃないとして、$f'(a)>0$ としてみよう。
$x=a$ の近くでは、$f(x) \sim f'(a)(x-a)+f(a)$ となっているので、

$f'(a)>0$ ということは、近似1次関数は、
$x=a$ のところで増加状態にあることから、
$f(x)$ もそうなっていると分かりますね。
つまり登りコースター状態で
レールのてっぺんでも谷底でもないのです。

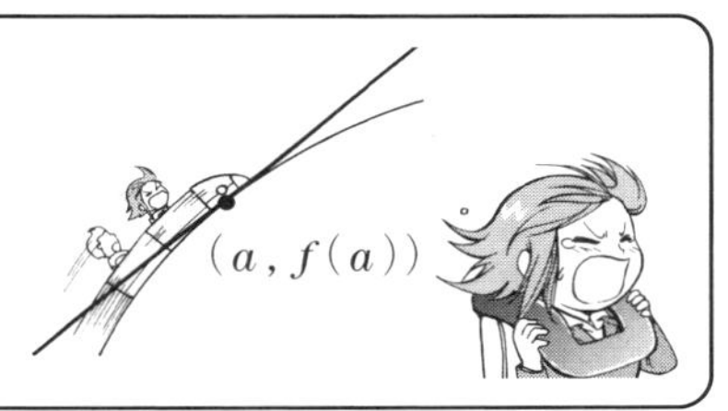

$f'(a)<0$ の時も同様に
$y=f(x)$ は下り状態にあるので、
山頂でも谷底でもありません。

$f'(a)>0$ の時、$f'(a)<0$ の時がそれぞれ登り、下り状態だとすれば、頂上や谷底では
$f'(a)=0$ となるしかないですね。
実際、$f'(a)=0$ なら、
近似1次関数 $y=f'(a)(x-a)+f(a)=0\times(x-a)+f(a)$ は、
水平となっていますから、イメージに合いますね。

定理 2-2 （増減の判定条件）

$f'(a)>0$ となる $x=a$ の近辺では、$y=f(x)$ は増加状態
$f'(a)<0$ となる $x=a$ の近辺では、$y=f(x)$ は減少状態

微分は楽しいな〜
社会が
見えてくる〜♪
お〜
分かって
くれましたか

居酒屋
筭田家
居酒屋
居酒屋
筭田家
商い中

何ですか!
何なんですか〜!
口を開けば
ビブンビブンって
え!?
今楽しいって…

電話のこと
ですね?
部長はなんて?

うん
今日はあまり
酔いたくないんだ

支局の責任者
呼んでこーい…
バタッ
関さん
まだビールで
いいんすか

いやー
やっぱ
ビールは
生がいいよねー
ずっ

………

突然ですが問題です
ビールの泡つぶは
比較的小さいものは
もっと小さくなって
消えてしまい
比較的大きい泡つぶは
逆に急激に大きくなって
水面に上っていきそこで破裂する
という二つのタイプが存在します
ではその理由を答えなさい

ニヤ…
いきなり
そうきましたか

ビールなどの炭酸飲料は
二酸化炭素が過飽和状態に
なっているので
二酸化炭素は液体に
溶けているよりも
気体でいる方が
安定しています
CO_2
CO_2
CO_2
だから泡つぶの体積
$\frac{4}{3}\pi r^3$（rは半径）に
比例して
エネルギーが小さくなる

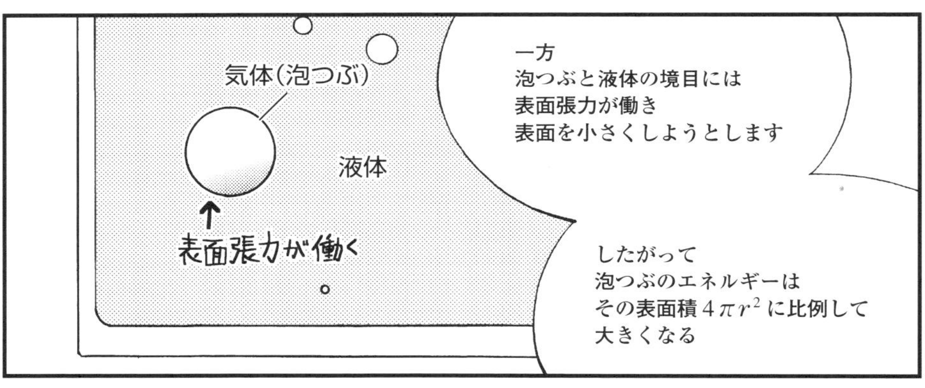
一方
泡つぶと液体の境目には
表面張力が働き
表面を小さくしようとします
気体（泡つぶ）
液体
表面張力が働く
したがって
泡つぶのエネルギーは
その表面積 $4\pi r^2$ に比例して
大きくなる

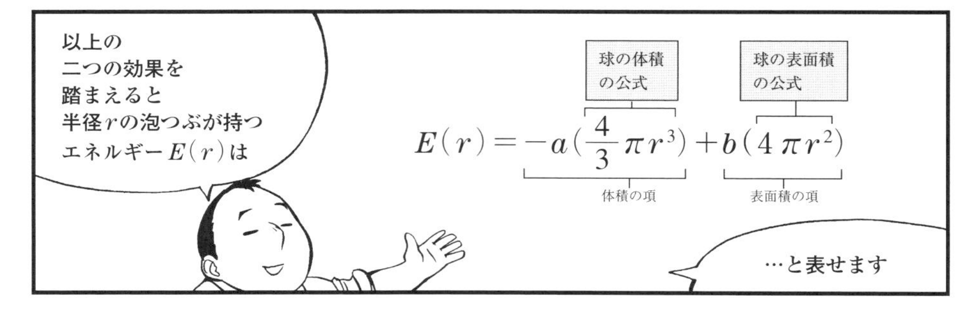
以上の
二つの効果を
踏まえると
半径rの泡つぶが持つ
エネルギー$E(r)$は
球の体積
の公式
球の表面積
の公式
$E(r) = -a\left(\frac{4}{3}\pi r^3\right) + b\left(4\pi r^2\right)$
体積の項
表面積の項
…と表せます

$$E'(r)=(-r^3)'+(3r^2)'$$
$$=-3r^2+6r$$
$$=-3r(r-2)$$

だから $r=2$ の時 $E'(r)=0$ となります

$0<r<2$ では $E'(r)>0$
$2<r$ では $E'(r)<0$ から
$r=2$ で $E(r)$ は極大点 P をとると分かります

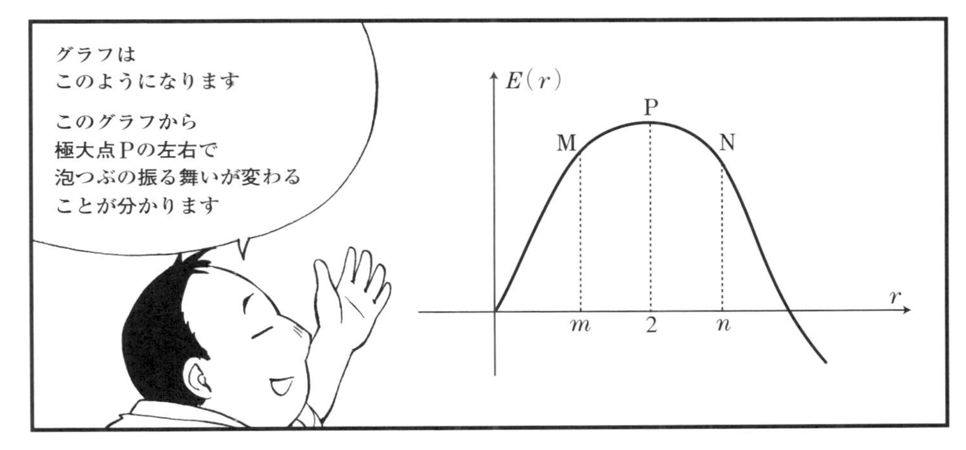

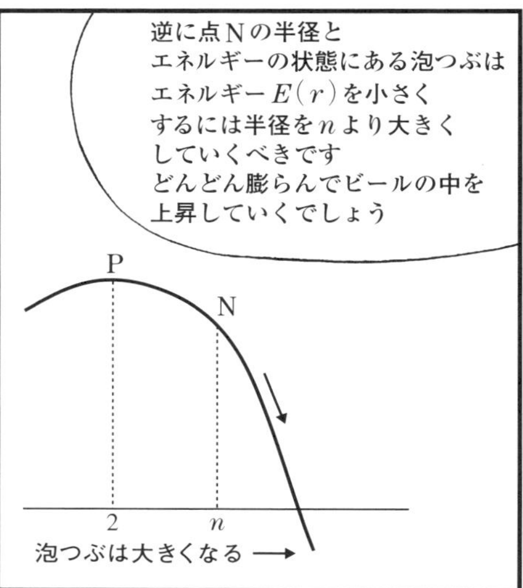

逆に点Nの半径と
エネルギーの状態にある泡つぶは
エネルギー$E(r)$を小さく
するには半径をnより大きく
していくべきです
どんどん膨らんでビールの中を
上昇していくでしょう
P
N
2
n
泡つぶは大きくなる →

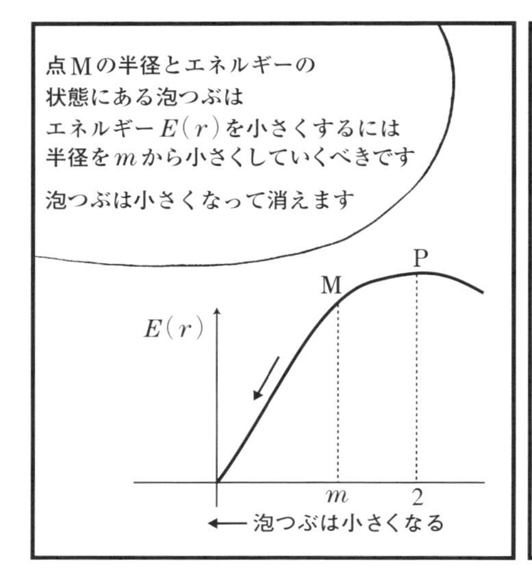

点Mの半径とエネルギーの
状態にある泡つぶは
エネルギー$E(r)$を小さくするには
半径をmから小さくしていくべきです
泡つぶは小さくなって消えます
P
M
$E(r)$
m
2
← 泡つぶは小さくなる

!?
ぐいっ

オーーッ
パチ
パチ

ひ…
引間くん
へへへ…
増井さ〜ん

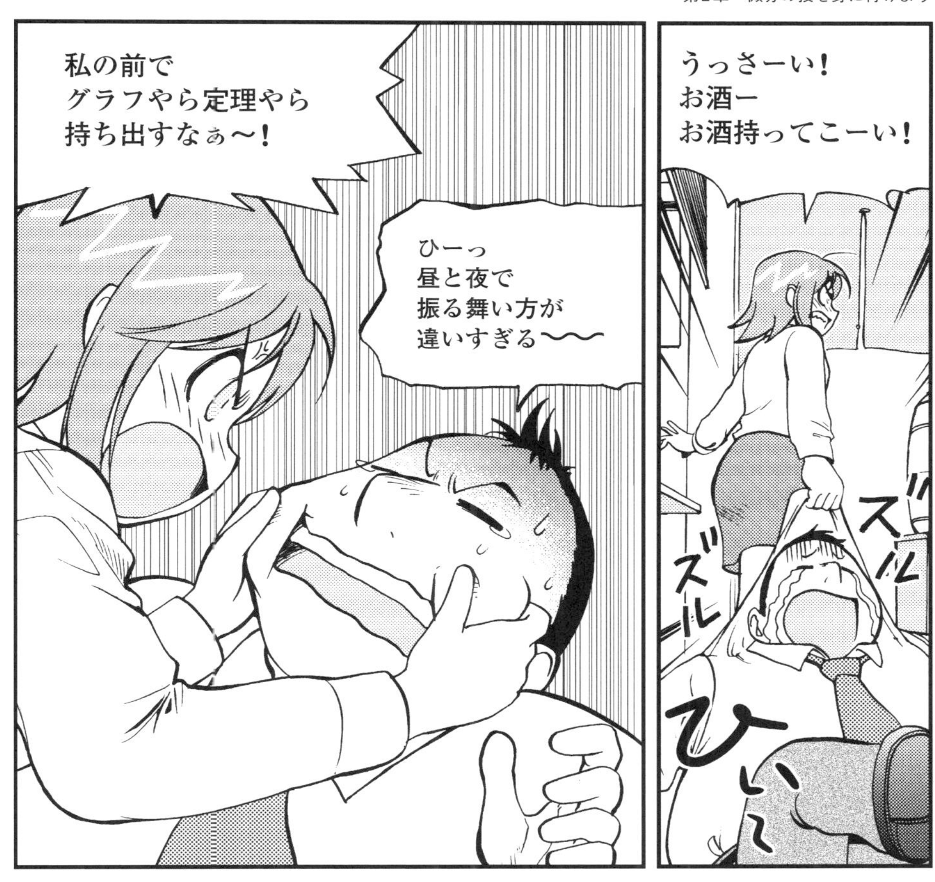
私の前で
グラフやら定理やら
持ち出すなぁ〜！
ひーっ
昼と夜で
振る舞い方が
違いすぎる〜〜〜
うっさーい！
お酒ー
お酒持ってこーい！
ズルズル
ひぃ〜

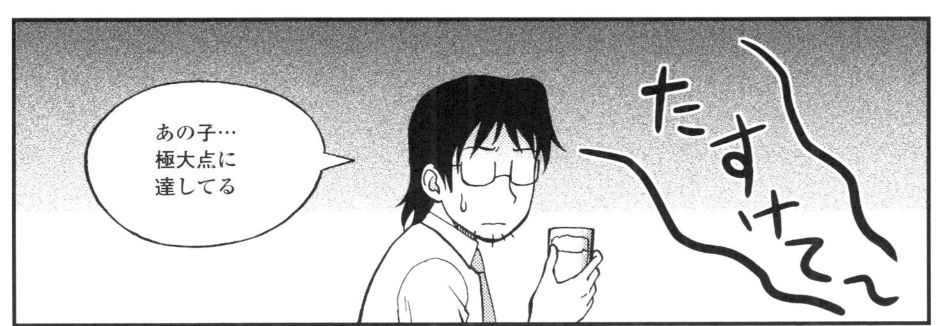
たすけて〜
あの子…
極大点に
達してる

5 平均値の定理

微分とは関数$f(x)$を$x = a$の近辺で似せた近似1次関数を作った時のxの係数のことでした。
つまり

$$f(x) \underset{\text{まね}}{\sim} f'(a)(x-a)+f(a) \quad (x\text{は}a\text{のすぐそば})$$

しかし、これはあくまでも「同じふり」「ものまね」をしているだけであり、aのそばにあるbに関して一般には

$$f(b) \neq f'(a)(b-a)+f(a) \quad \text{—①}$$

であり、ぴったり一致しているわけではないのです。

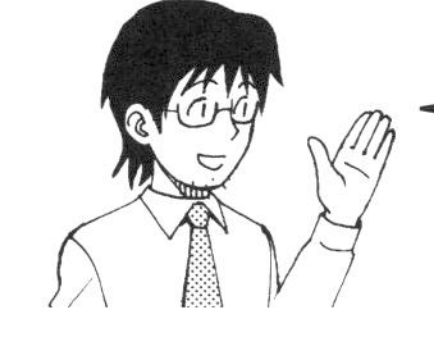

これが我慢ならないという人のために次の定理があります。

定理 2-3 平均値の定理

$a, b\ (a < b)$ に対して、$a < \zeta < b$ なる ζ で

$$f(b) = f'(\zeta)(b-a) + f(a)$$

を満たすものが存在する。

つまり、$f'(a)$でなく、aからbへ向かって増やしていった時の途中のζに対する$f'(\zeta)$で、①をぴったり等号で成立させることができる。

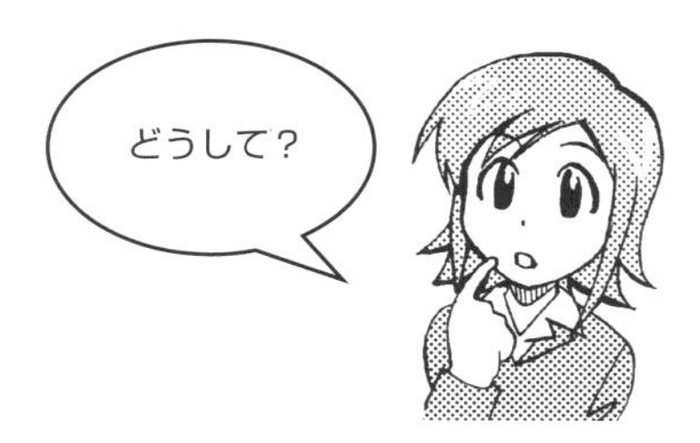

2点$A(a, f(a))$ $B(b, f(b))$を線分ABで結ぼう。

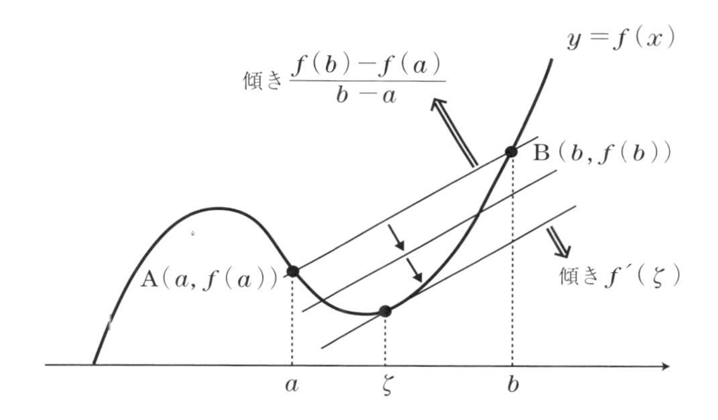

$$(\text{ABの傾き})=\left(\frac{y\text{の増分}}{x\text{の増分}}\right)=\frac{f(b)-f(a)}{b-a} \quad \text{―― ②}$$

となります。ここでABを図のように平行移動させていこう。
直線はいずれグラフから離れる瞬間を迎えるだろう。この点を$(\zeta,\ f(\zeta))$としよう。
この時、直線は接線ですから傾きは$f'(\zeta)$となります。
平行移動してきたから、これは②の傾きから変わっていないはずです。

したがって

$$\frac{f(b)-f(a)}{b-a}=f'(\zeta)$$

分母を払って$f(a)$を移項すると

$$f(b)=f'(\zeta)(b-a)+f(a)$$

商の微分公式

$h(x)=\dfrac{g(x)}{f(x)}$ の導関数の公式を求めよう。

まず、$f(x)$ の逆数にあたる関数 $p(x)=\dfrac{1}{f(x)}$ の導関数を求めておきます。

$x=a$ の近くでは、$f(x)\sim f'(a)(x-a)+f(a)$、同様に、

$$p(x)\sim p'(a)(x-a)+p(a)$$

ここで、常に $f(x)\,p(x)=1$ であることに注意すると、

$$1=f(x)\,p(x)\sim\{f'(a)(x-a)+f(a)\}\{p'(a)(x-a)+p(a)\}$$

右辺から $(x-a)$ の係数だけ取り出せば、

$$p(a)f'(a)+f(a)p'(a)$$

左辺にxの項がないことから、これは0と等しいはず。したがって、

$$p'(a)=-\frac{p(a)f'(a)}{f(a)}$$

$p(a)=\dfrac{1}{f(a)}$ だから、これを分子の $p(a)$ に代入すると、

$$p'(a)=-\frac{f'(a)}{f(a)^2}$$

次に一般の $h(x)=\dfrac{g(x)}{f(x)}$ に対しては、$h(x)=g(x)\times\dfrac{1}{f(x)}=g(x)\,p(x)$

として、積の微分公式と上の公式を使えばいい。

$$h'(x)=g'(x)\,p(x)+g(x)\,p'(x)=g'(x)\frac{1}{f(x)}-g(x)\frac{f'(x)}{f(x)^2}$$

$$=\frac{g'(x)\,f(x)-g(x)f'(x)}{f(x)^2}$$

したがって、次の公式が得られます。

公式 2-6｜商の微分公式

$$h'(x) = \frac{g'(x)\ f(x) - g(x)\ f'(x)}{f(x)^2}$$

合成関数の微分公式

　$h(x) = g(f(x))$ の導関数の公式を求めよう。
$x = a$ の近くでは、$f(x) - f(a) \sim f'(a)(x - a)$、また、
$y = b$ の近くでは、$g(y) - g(b) \sim g'(b)(y - b)$

　ここで、$b = f(a)$, $y = f(x)$ として2番目の式を書き直すと、
$x = a$ の近くでは、$g(f(x)) - g(f(a)) \sim g'(f(a))(f(x) - f(a))$
右辺の $f(x) - f(a)$ を最初の式の右辺に置き換えよう。

$$g(f(x)) - g(f(a)) \sim g'(f(a))\ f'(a)(x - a)$$

ここで $g(f(x)) = h(x)$ であるから、この式はまさに、
　$h'(a) = g'(f(a))\ f'(a)$ を表している。したがって、次の公式が得られます。

公式 2-7｜合成関数の微分公式

$$h'(x) = g'(f(x))\ f'(x)$$

逆関数の微分公式

　これを使って、$y = f(x)$ の逆関数 $x = g(y)$ の微分公式を作ろう。すべての x について、$x = g(f(x))$ であるから、両辺を微分すると、

$$1 = g'(f(x))\ f'(x)$$

よって、$1 = g'(y)\ f'(x)$ となり、次の公式が得られます。

公式 2-8｜逆関数の微分公式

$$g'(y) = \frac{1}{f'(x)}$$

まとめ

■ 微分公式のいろいろ

	公　式	ポイント
定数倍	$(\alpha f(x))' = \alpha f'(x)$	微分した後に定数をかけても同じ。
x^n（べき乗）	$(x^n)' = nx^{n-1}$	指数が係数に現れて、次数が1落ちる。
和	$(f(x)+g(x))' = f'(x)+g'(x)$	和の微分は微分の和になる。
積	$(f(x)\,g(x))'$ $= f'(x)\,g(x)+f(x)\,g'(x)$	かたっぽだけ微分したものの和。
商	$\left(\dfrac{g(x)}{f(x)}\right)' = \dfrac{g'(x)\,f(x)-g(x)\,f'(x)}{f(x)^2}$	分母は2乗になる。分子はかたっぽだけの微分の差になる。
合成関数	$(g(f(x)))' = g'(f(x))\,f'(x)$	外側の微分と内側の微分の積。
逆関数	$g'(y) = \dfrac{1}{f'(x)}$	逆関数の微分は自分の微分の逆数。

第2章 練習問題

1. n を自然数として、$f(x) = \dfrac{1}{x^n}$ の導関数 $f'(x)$ を求めよ。

2. $f(x) = x^3 - 12x$ の極値を求めよ。

3. (1) $f(x) = (1-x)^3$ の導関数 $f'(x)$ を求めよ。

(2) $g(x) = x^2(1-x)^3$ の $0 \leqq x \leqq 1$ における最大値を求めよ。

第3章
積分ってなめらかに
変化する量を集計することさ

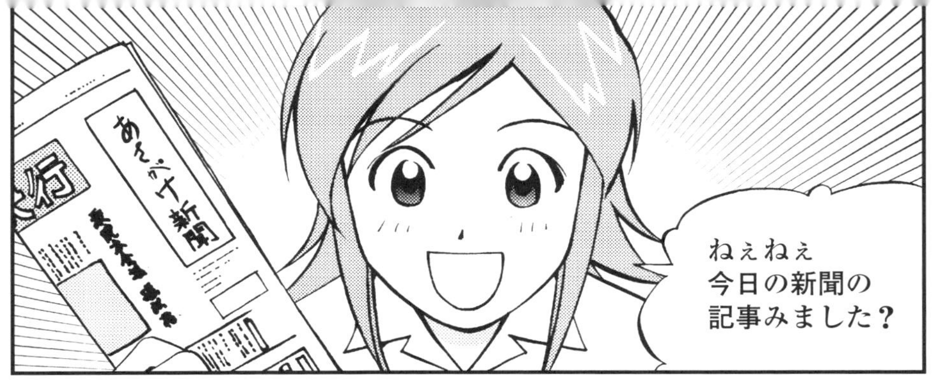
ねぇねぇ
今日の新聞の
記事みました？

K大学院生K
「風の道」解析
ヒートアイランド解消に
一石を投ずる
これこれ
この人、
私の大学の先輩
なんですよ！

どの記事？

理工系は
強いんですよ
ウチは
フフーン
文学部

大学院生の
研究成果に
東京都が予算をつけて
温暖化対策に
乗り出した…か
大したもんだねぇ
ははは

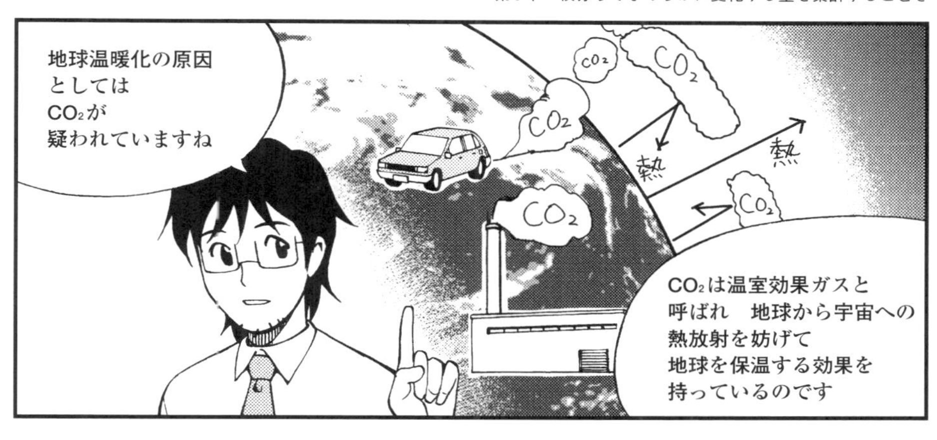
地球温暖化の原因
としては
CO₂が
疑われていますね
CO₂
CO₂
CO₂
CO₂
CO₂
熱
熱
CO₂は温室効果ガスと
呼ばれ　地球から宇宙への
熱放射を妨げて
地球を保温する効果を
持っているのです

引間くんの先輩が
目を付けたのは
風が通る方向を解析して
気温を下げようと
いうものです
風の通り道に
大きな建築物を
建てないような
規制をかけようという
提案なんです
保温効果の度が
過ぎると
地球が暖まり過ぎて
異常気象が
起こったり
するんですよね
ゴワーイ

しかし
CO₂そのものを
減らす努力は
誰もが
やらなければいけない
問題です
現代社会で
CO₂量を
減らすのは
厳しいからなぁ
特に湾岸や河川の上を
通る風を妨げなければ
地表の温度上昇に
歯止めがかかるかもって
ことみたいですね

①温室効果の予測

②CO_2の「全体量」から経済活動で発生するCO_2の大気残留分を予測

CO₂濃度は場所によって異なっていてしかもその変化はなめらかで連続的なんです
大気中のCO₂濃度がどこでも均一ならば「濃度」×「気体全体量」で「CO₂全体量」が計算できますが

え〜〜っな、なぜ〜!?
じゃあコレで!増井くんのとっておきの焼酎!!
千年の眠り
ガーン

こういう「濃度の連続変化」に対して「総量」をどう計算すべきか考えてみましょう
あの…もう少しカンタンになりません?

だからいつも眠ってるのかしら
ああ〜…算田町名物の幻の焼酎…「千年の眠り」が…
引間くんの勉強のためです勤務先に置いておく方が悪いんですよ
トク
トク

1 微積分学の基本定理のイメージ

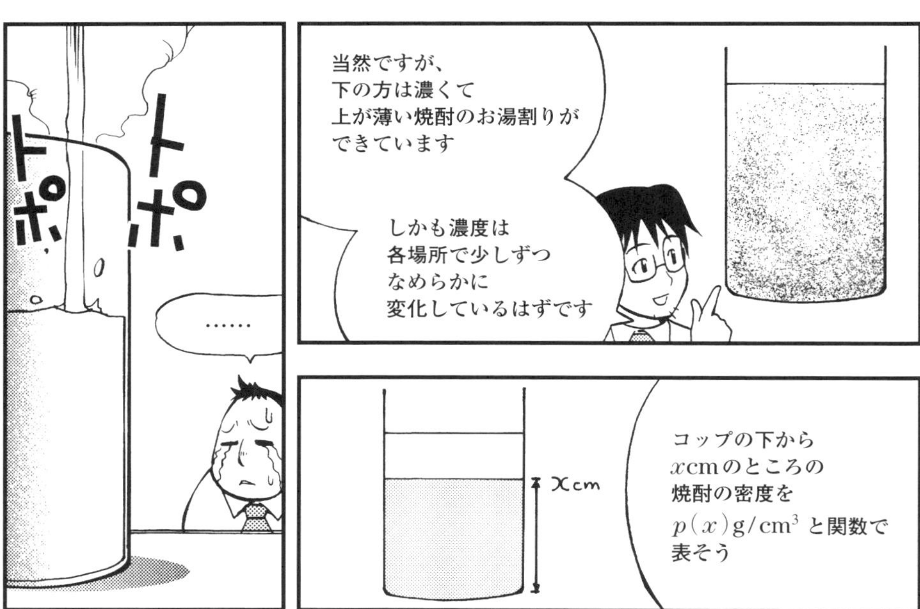

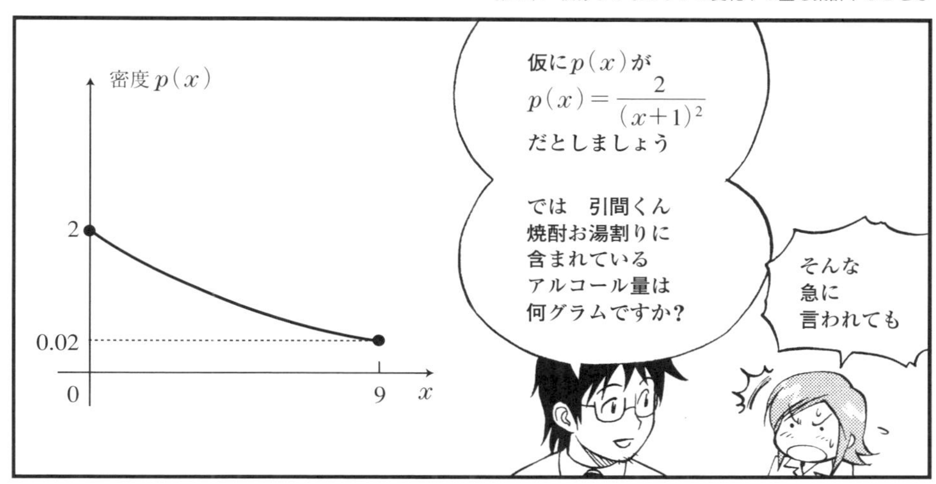
密度 $p(x)$
2
0.02
0
9
x
仮に$p(x)$が
$p(x)=\frac{2}{(x+1)^2}$
だとしましょう
では　引間くん
焼酎お湯割りに
含まれている
アルコール量は
何グラムですか？
そんな
急に
言われても

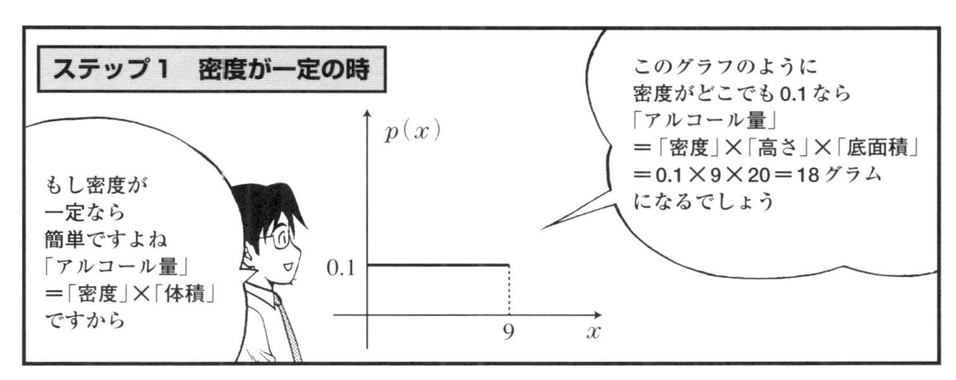
ステップ1　密度が一定の時
このグラフのように
密度がどこでも0.1なら
「アルコール量」
＝「密度」×「高さ」×「底面積」
＝0.1×9×20＝18グラム
になるでしょう
もし密度が
一定なら
簡単ですよね
「アルコール量」
＝「密度」×「体積」
ですから
$p(x)$
0.1
9
x

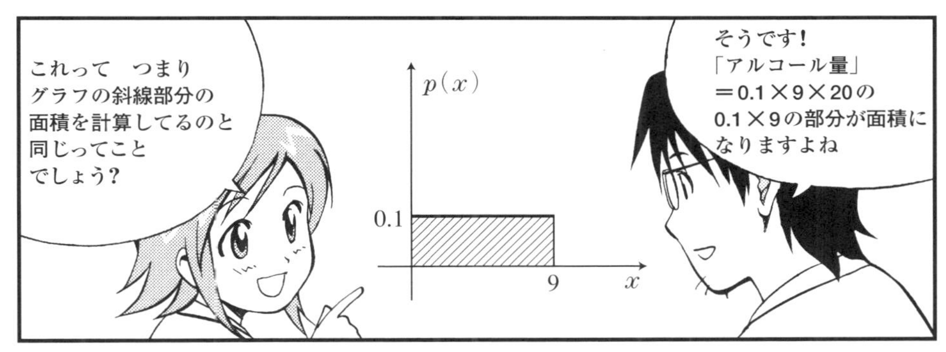
そうです！
「アルコール量」
＝0.1×9×20の
0.1×9の部分が面積に
なりますよね
これって　つまり
グラフの斜線部分の
面積を計算してるのと
同じってこと
でしょう？
$p(x)$
0.1
9
x

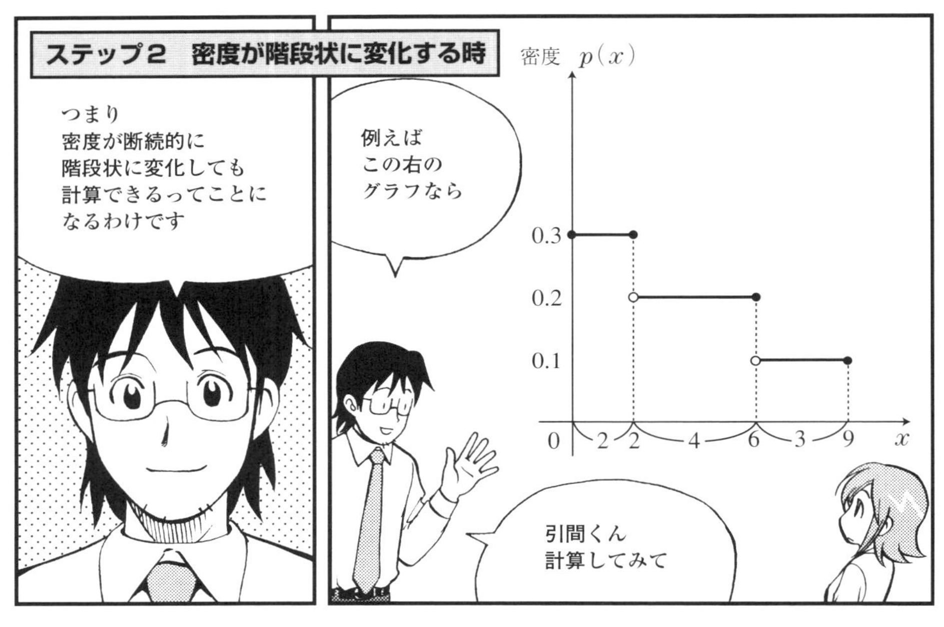
ステップ２　密度が階段状に変化する時
つまり
密度が断続的に
階段状に変化しても
計算できるってことに
なるわけです
例えば
この右の
グラフなら
密度　$p(x)$
0.3
0.2
0.1
0
2
2
4
6
3
9
x
引間くん
計算してみて

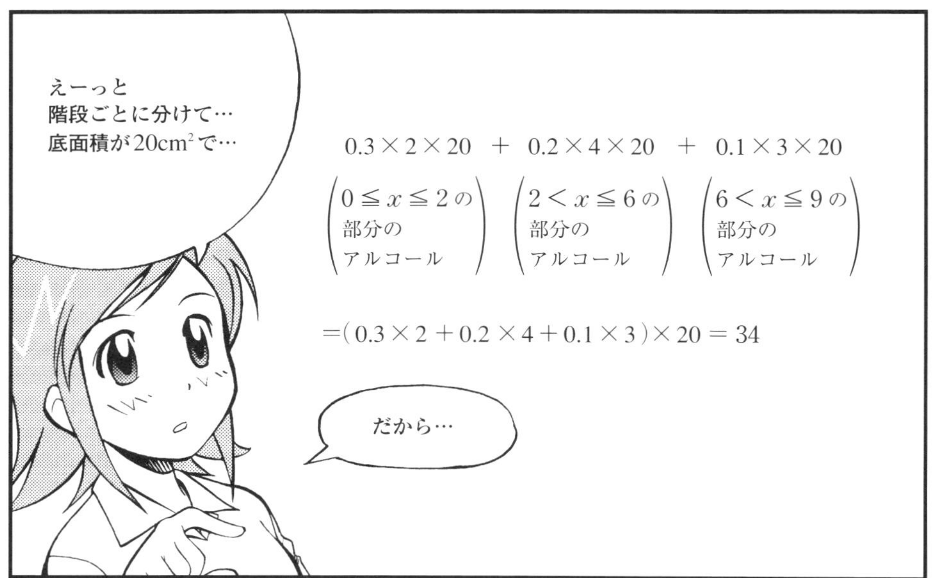
えーっと
階段ごとに分けて…
底面積が20cm²で…
$0.3\times2\times20 + 0.2\times4\times20 + 0.1\times3\times20$
($0\leqq x\leqq2$の部分のアルコール)
($2<x\leqq6$の部分のアルコール)
($6<x\leqq9$の部分のアルコール)
$=(0.3\times2+0.2\times4+0.1\times3)\times20=34$
だから…

答えは
34グラム
ですね!!
そうです

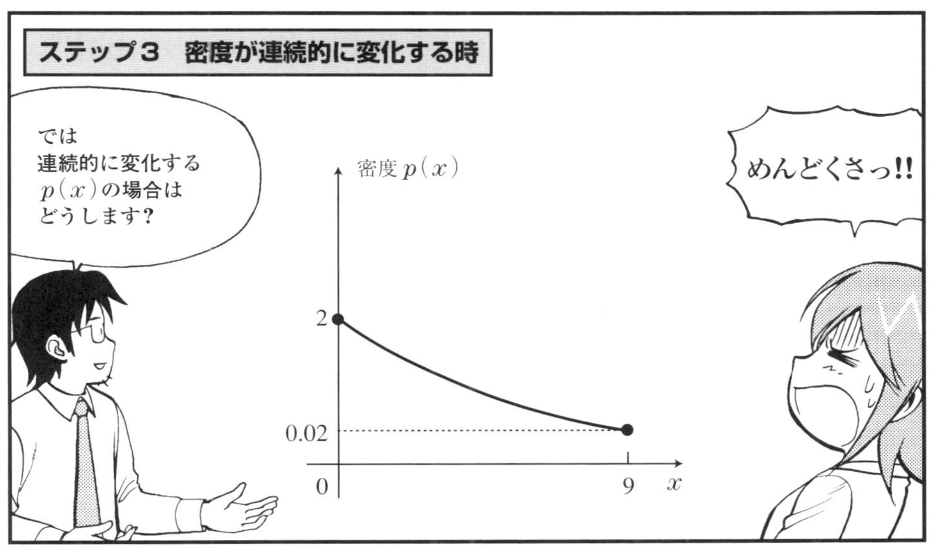
ステップ3　密度が連続的に変化する時
では
連続的に変化する
$p(x)$の場合は
どうします?
めんどくさっ!!
密度 $p(x)$
2
0.02
0
9
x

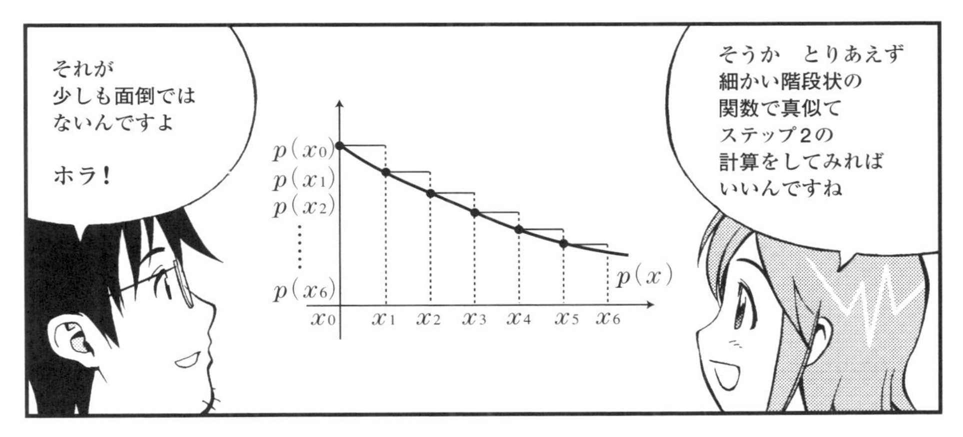
それが
少しも面倒では
ないんですよ
ホラ!
そうか　とりあえず
細かい階段状の
関数で真似て
ステップ2の
計算をしてみれば
いいんですね
$p(x_0)$
$p(x_1)$
$p(x_2)$
$p(x_6)$
$p(x)$
x_0 x_1 x_2 x_3 x_4 x_5 x_6

そう！

x軸を $x_0\ x_1\ x_2 \cdots x_6$ で分割して

x_0 と x_1 の間では密度は一定で $p(x_0)$

x_1 と x_2 の間では密度は一定で $p(x_1)$

x_2 と x_3 の間では密度は一定で $p(x_2)$

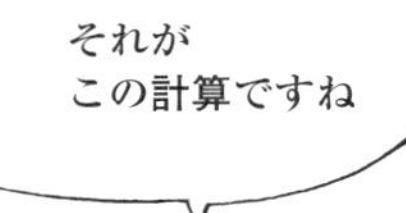

…というふうにして階段状の関数で $p(x)$ を真似てみましょう

この階段状の関数でアルコール量を計算しておけば「本当のアルコール量」に真似た量が出るんですよ

それがこの計算ですね

$$
\begin{array}{rl}
 & p(x_0)\times(x_1-x_0)\times 20 \\
 & p(x_1)\times(x_2-x_1)\times 20 \\
 & p(x_2)\times(x_3-x_2)\times 20 \\
 & p(x_3)\times(x_4-x_3)\times 20 \\
 & p(x_4)\times(x_5-x_4)\times 20 \\
+) & p(x_5)\times(x_6-x_5)\times 20 \\
\hline
 & \text{近似的なアルコール量}
\end{array}
$$

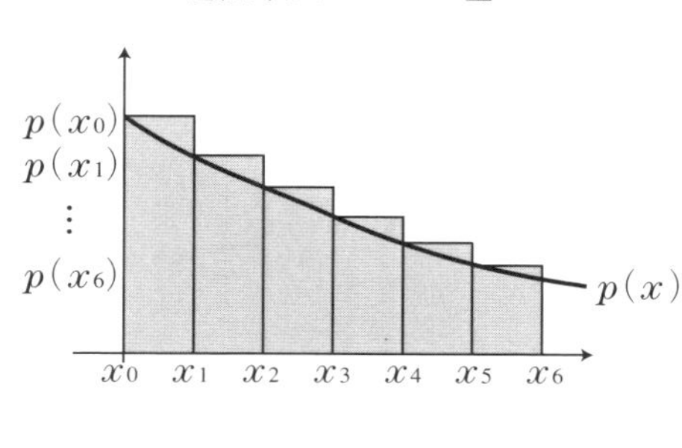

そう 階段状のグラフの斜線部分の面積はこの式の（20をかけない）集計ということです

じゃあ
このこま切りを
無限に細かくすれば
「本当のアルコール量」に
なると考えられる
わけですね
まぁ
そうなんだけど
現実的じゃ
ないです
たん
たん
たん

無限に細かいのを
無限個足していかなければ
ならないんですから
そ、そうか…

この式を見てください
何か思い出しませんか?
$p(x_3) \times (x_4 - x_3)$

あっ!
真似っこ
1次関数に似てる!

ステップ4　真似っこ1次関数の復習

$f(x)$の導関数を$f'(x)$とすると、$x=a$の近くでは、

$f(x) \underset{まね}{\sim} f'(a)(x-a)+f(a)$と書けた。

$f(a)$を移項すると、

$f(x)-f(a) \underset{まね}{\sim} f'(a)(x-a)$　（（fの値の差）$\underset{まね}{\sim}$（fの微分）×（xの差））——①

$x_0, x_1, x_2, x_3,$ ……x_6の間隔が十分せまいとするなら、

x_1はx_0の近く、x_2はx_1の近く……となっている。

ここで導関数が$p(x)$になる$q(x)$を探そう。

（つまり$q'(x)=p(x)$）

この$q(x)$に①を利用すると、（（qの値の差）$\underset{まね}{\sim}$（qの微分）×（xの差））

$$q(x_1)-q(x_0) \underset{まね}{\sim} p(x_0)(x_1-x_0)$$
$$q(x_2)-q(x_1) \underset{まね}{\sim} p(x_1)(x_2-x_1)$$
$$\vdots$$

右辺を集計したかったわけだから、それは左辺の集計からも得られてしまう！

式　　　打ち消し合っていく集計値の式

$$\begin{aligned}
&q(x_1)-q(x_0) \underset{まね}{\sim} p(x_0)(x_1-x_0)\\
&q(x_2)-q(x_1) \underset{まね}{\sim} p(x_1)(x_2-x_1)\\
&q(x_3)-q(x_2) \underset{まね}{\sim} p(x_2)(x_3-x_2)\\
&q(x_4)-q(x_3) \underset{まね}{\sim} p(x_3)(x_4-x_3)\\
&q(x_5)-q(x_4) \underset{まね}{\sim} p(x_4)(x_5-x_4)\\
+)\ &q(x_6)-q(x_5) \underset{まね}{\sim} p(x_5)(x_6-x_5)\\
\hline
&q(x_6)-q(x_0) \underset{まね}{\sim} 集計値
\end{aligned}$$

$x_6=9,\ x_0=0$として

（近似アルコール量）＝集計値× 20

＝$(q(x_6)-q(x_0))\times 20$

＝$(q(9)-q(0))\times 20$

今、
次の図式が
得られたんだ
整理してみよう

近似的なアルコール量（÷20）
$p(x_0)(x_1-x_0)+p(x_1)(x_2-x_1)+\cdots$

（イ）＝（まね）

$q(9)-q(0)$
（一定）

（ア）‖ 近似

本当のアルコール量（÷20）

ここで
$x_0, x_1, x_2, x_3, \cdots$
という点をどんどん
多くして無限にすると
（ア）は
「近似」ではなく
「等号」になると
考えていいんです

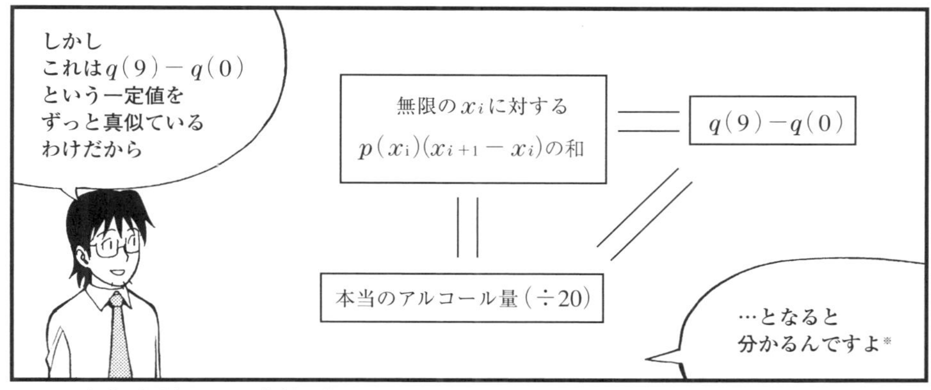

しかし
これは$q(9)-q(0)$
という一定値を
ずっと真似している
わけだから
無限のx_iに対する
$p(x_i)(x_{i+1}-x_i)$の和
$q(9)-q(0)$
本当のアルコール量（÷20）
…となると
分かるんですよ※

※ 94ページでもっと正確にやっていきましょう

ステップ6　$p(x)$は$q(x)$の導関数

$$q(x) = -\frac{2}{x+1}$$ とおくと

$$q'(x) = \frac{2}{(x+1)^2} = p(x)$$

※$p(x)$は$q(x)$の導関数
　$q(x)$は$p(x)$の原始関数と呼ぶ

$$(\text{アルコール量}) = \{q(9) - q(0)\} \times 20$$

$$= \left\{ -\frac{2}{9+1} - \left(-\frac{2}{0+1} \right) \right\} \times 20$$

$$= 36 \text{ グラム}$$

2 微積分学の基本定理

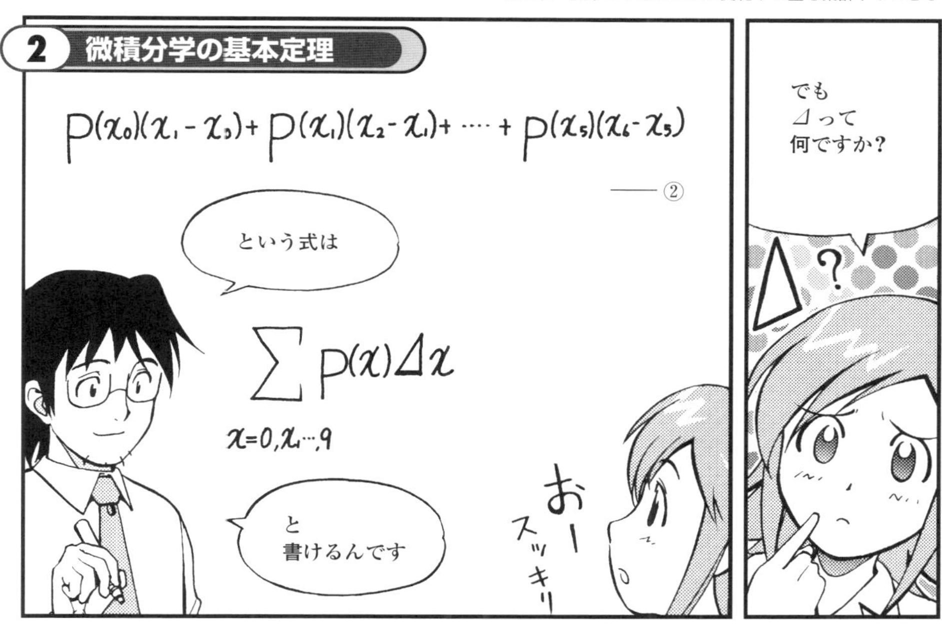
でも
⊿って
何ですか？
p(x0)(x1-x0)+p(x1)(x2-x1)+……+p(x5)(x6-x5)
―― ②
という式は
∑p(x)⊿x
x=0,x1…,9
と
書けるんです
おー
スッキリ
⊿？

⊿（デルタ）って
いうのは
ギリシャ文字で
変化量を表す
記号として
使われています
デルタ
この⊿xは
「次の点までの距離」を
表すんです
つまり（x1－x0）とか、
（x2－x1）とかの
ことですね

じゃ
∑は？
∑？

その∑（シグマ）がスッキリのコツなんだけど例えば
$\sum_{x=x_0,\,x_1,\cdots,\,x_6}$
だったら
「$x_0=0$から$x_6=9$までを合計せよ」という命令を表すんです
じゃ、引間くん
$\sum_{x=x_0,\,x_1,\cdots,\,x_6} p(x)\,\varDelta x$
の意味は？

（xのところでのpの値）×（xから次の点までの距離）を合計しなさいってことですね
そう まさしく先に出てきた②の式を意味してるんです

次に②の式をシンプルにする記号も教えておきましょう
②の式は「有限個の階段に対する集計」だからこれを無限に細かくする時には記号に「丸み」を付ければいいんだ

丸み？
そう これを…

グイッ
フン
おー
パチパチ

$\sum p(x)\Delta x \rightarrow \int_0^9 p(x)\Delta x \rightarrow \int_0^9 p(x)dx$
Σを∫に引き伸ばして
ぐいっ
⊿をdに取り換える
ホー

$\int_0^9 p(x)dx$ ──③
$p(x)$
0
9
x
この③の式は無限に細かくした時の集計値を表し左のグラフとx軸のはさむ面積を意味しているのです
これを定積分と言います

$p(x)$が$q(x)$の導関数になってると分かれば

$\int_a^b p(x)dx = q(b) - q(a)$ ─④
と、極めて簡単に計算できるじゃないですか
すばらしいでしょ定積分!!
……
ついていけない

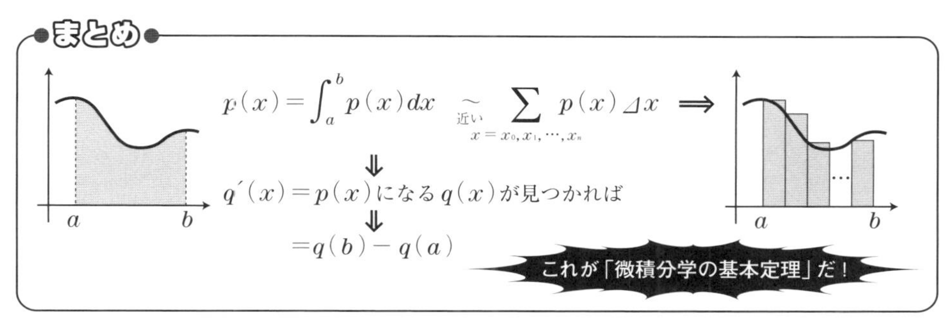

まとめ
$p(x) = \int_a^b p(x)dx \underset{近い}{\sim} \sum_{x = x_0, x_1, \cdots, x_n} p(x) \varDelta x \Rightarrow$
⇓
$q'(x) = p(x)$になる$q(x)$が見つかれば
⇓
$= q(b) - q(a)$
これが「微積分学の基本定理」だ！
a
b

●ステップ５（89ページ）の※の内容

今までの説明では、
$q(x_1)-q(x_0)\underset{まね}{\sim}p(x_0)(x_1-x_0)$という、「いいかげん」な式、すなわち「だいたいの見当をつけて真似た式」を下敷きにしていました。これではちょっと信じられないという几帳面な人のために、もうちょっと厳密にやってみます。「平均値の定理」を使えば、この $\underset{まね}{\sim}$ という変な記号を使わずに同じ結果を再現できます

$q'(x)=p(x)$なる$q(x)$を見つけておく

点$x_0,\ x_1,\ x_2,\ x_3,\ \cdots\cdots,\ x_n$ を打つ（$x_0=a$、$x_n=b$）

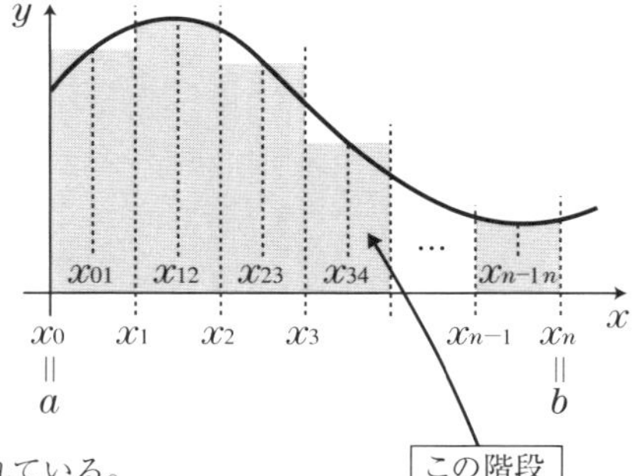

この階段の面積

x_0とx_1の間の点x_{01}で

$$q(x_1)-q(x_0)=q'(x_{01})(x_1-x_0)$$

を満たすものを見つける。

これは、「平均値の定理」から存在が保証されている。

同様にx_1とx_2の間のx_{12}を見つけ、

$$q(x_2)-q(x_1)=q'(x_{12})(x_2-x_1)$$

以下同様

$$\begin{aligned}
q(x_1)-q(x_0) &= q'(x_{01})(x_1-x_0) &= p(x_{01})(x_1-x_0)\\
q(x_2)-q(x_1) &= q'(x_{12})(x_2-x_1) &= p(x_{12})(x_2-x_1)\\
q(x_3)-q(x_2) &= q'(x_{23})(x_3-x_2) &= p(x_{23})(x_3-x_2)\\
&\vdots & \vdots\\
q(x_n)-q(x_{n-1}) &= q'(x_{n-1\,n})(x_n-x_{n-1}) &= p(x_{n-1\,n})(x_n-x_{n-1})
\end{aligned}$$

集計する

＋）　　　　　　　　　　　　　　　　＋）

$q(x_n)-q(x_0)$ ←［いつも等しい］→ 近似面積

$\| $

$q(b)-q(a)$

↓ 無限に細かくする

$q(b)-q(a)$ ←［等しい］→ 本当の面積

ステップ５の図式と対応してるでしょ

3 積分の公式

公式 3-1 | 積分の公式

$$\int_a^b f(x)\ dx + \int_b^c f(x)\ dx = \int_a^c f(x)\ dx \qquad \text{—— (1)}$$

（同じ関数の定積分では区間を接続してよい）

$$\int_a^b \left\{f(x) + g(x)\right\}dx = \int_a^b f(x)\ dx + \int_a^b g(x)\ dx \qquad \text{—— (2)}$$

（和の定積分は定積分の和に分けてよい）

$$\int_a^b \alpha f(x)\ dx = \alpha \int_a^b f(x)\ dx \qquad \text{—— (3)}$$

（定数倍の定積分は、定積分したあとに定数倍しても同じ）

(1) ～ (3) は真似っこ階段関数の絵を書いてみると当たり前と分かる。

(1)

a　b　c

＋

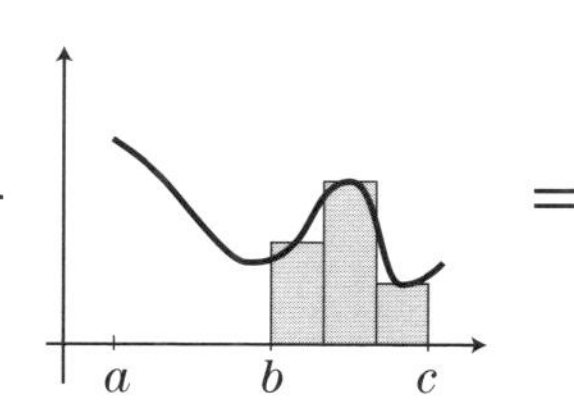

＝

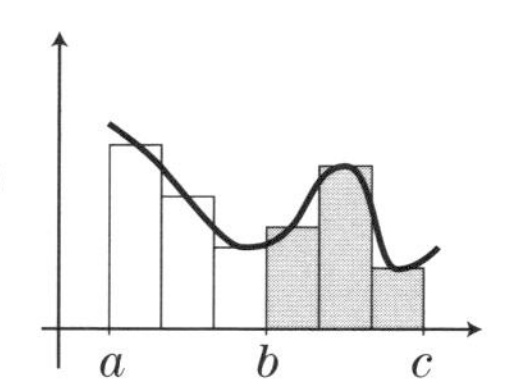

(2)

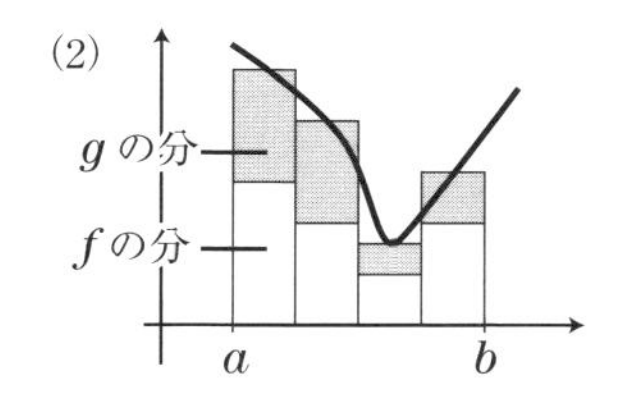

＝

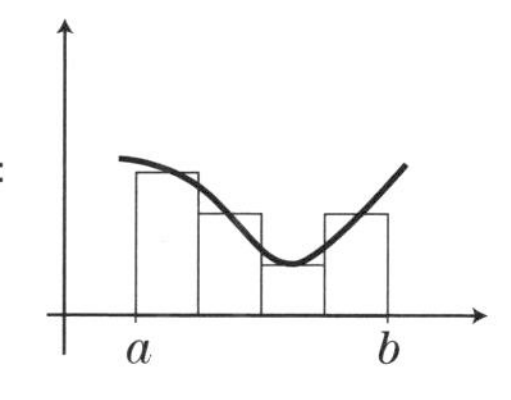

＋

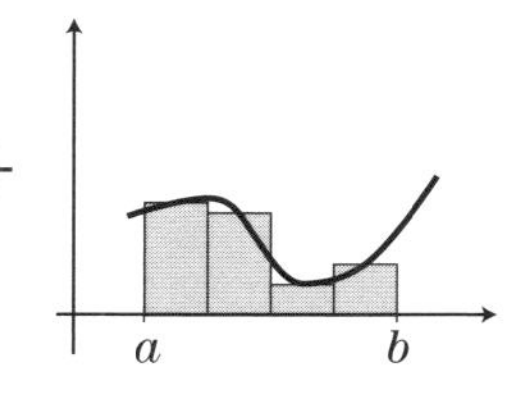

(3)

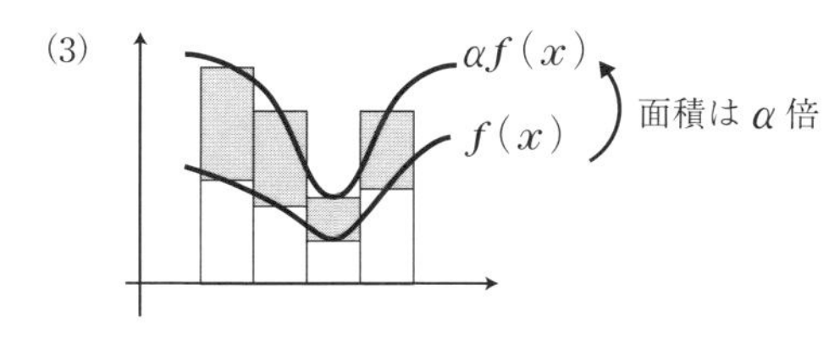

多少強引だったけど、
理解できたよね

いやーっ
やっと終わった
さ、増井くん、
遠慮せずに
飲みたまえ！
もともと
オレの酒だってての

うっとり
殺気!!
ま、まずい！

ズルズルズル
資料室
ぜひやってもらいたい
仕事を思いつきました
資料室に行ってきて
くださーい！

資料室

引間くん
僕の記憶だと１年ほど前に
算田工学院大学でも
風の通り道を解析してビル設計に
取り入れてたグループがあったんです
彼らのその後の研究進捗を
確認してもらえますか？
いいですよーだっ
私だけ
のけ者扱い
にして…！
プンプン

ん!?
関 かける

関かける…って
これ関さんが昔
書いた記事だ!?
どんな記事
書いてたん
だろ…

○×湾汚染拡大
K企業廃棄物が原因

K企業…って
うちの…
あさがけ新聞の
スポンサーの
一つじゃない…

関さん…
よりにもよって
うちのスポンサーの
告発記事
書いちゃって…
それで
飛ばされたんだ…

ドキィッ
何か
分かりました?
ガチャ

さあ…
で どんな
建物?

いえ…あの…
えーっと
面白い提案していますね
ヒートアイランド現象を
解消するために
風を起こす建物を
計画してるとか…
へえ
それはいい

ピキ!

電話〜?
あ あの…
今 電話で
聞いてみます はい…
ゴゴゴゴ

何が電話ですか!!
記事は足で
考えるもんです!
会って
話を聞いて
きなさい!!

バツとして
彼らの理論の根拠を
数式で書けるか
どうかも
取材してきなさーい!!
はーい!
行ってきまーす

4 基本定理の応用例

需要曲線と
供給曲線…
経済学では

この二つの曲線の
交点となる価格と数量に
取引が決まると考えます

常識ですね
これは単に
取引が
そこに決まる
ということだけを
意味している
わけでは
ないんです

実は
その点の与える
取引をすると
社会は最適化
されるんです
へーすごい!

微積新聞社
ええ
微積分学の
基本定理を使うと
簡単に
理解できるんですよ

供給曲線

まず、完全競争市場での企業にとっての最大利潤を考えてみましょう。

商品をx単位生産する時の利潤$\Pi(x)$は、費用を$C(x)$とおくと

$\Pi(x)$　p　$C(x)$

(利潤) = (価格) × (生産量) − (費用) $= px - C(x)$

ここで利潤$\Pi(x)$を最大化する時のxをx^*とおくと

$\Pi(x)$のx^*での微分$\Pi'(x^*) = 0$より、

$\Pi'(x^*) = p - C'(x^*) = 0$

この$p = C'(x^*)$を供給曲線と呼んでいます。

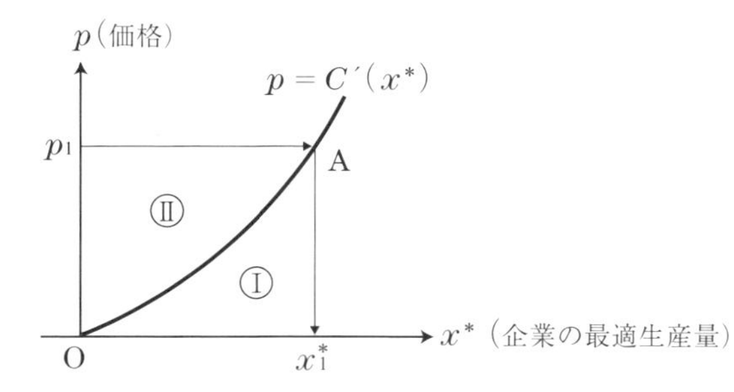

価格p_1が与えられると$p_1 \to \mathrm{A} \to x_1^*$とたどることで、
企業にとっての最適生産量が決まるんですね。

この時、長方形 $Op_1Ax_1^*$ の面積が（価格）×（生産量）に相当します。

Ⓘの面積は積分で得られる。

$$\int_0^{x_1^*} C'(x^*)dx^* = C(x_1^*) - C(0) = C(x_1^*) = (\text{費用})$$

ここで基本定理を使った　　簡単にするため $C(0)=0$ と見なす

したがって、利潤 $\Pi(x_1^*)$ はⅡの面積（（長方形の面積）－（Ⓘの面積））だと分かります。

需要曲線

次に消費者にとっての最大の利益を考えてみましょう。

消費者が x 単位の商品を消費する時、見いだしている価値を $u(x)$ とすると、消費者の利益 $R(x)$ は

$$R(x) = (\text{消費の価値}) - (\text{支払った代金}) = u(x) - px$$

消費者の利益が最大となるのは、この $R(x)$ が最大になる場合でしょう。

その時の消費量 x^{**} は、$R(x)$ の微分の x^{**} における値が0の時ですから、

（微分＝0より）　$R'(x^{**}) = u'(x^{**}) - p = 0$

この時の $p = u'(x^{**})$ を
需要曲線と呼んでいます。

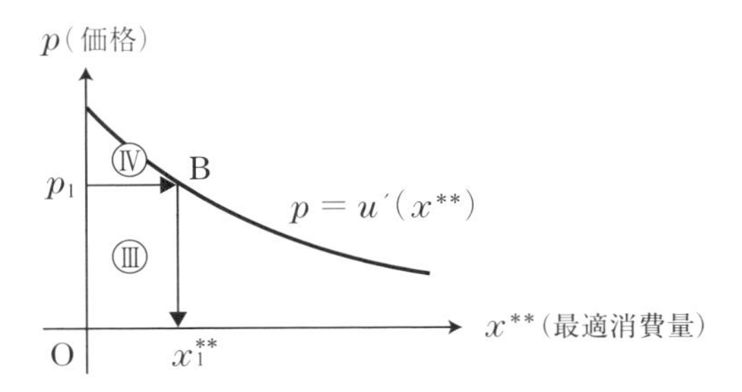

次に、長方形$Op_1Bx_1^{**}$の面積を見ていきます。

長方形$Op_1Bx_1^{**}$の面積は（価格）×（消費量）に相当します。

したがって、Ⓘの面積（長方形$Op_1Bx_1^{**}$）は支払い代金に相当します。

Ⓘ＋Ⓘの面積は積分で得られます。

$$\int_0^{x_1^{**}} u'(x^{**})dx^{**} = u(x_1^{**}) - u(0) = u(x_1^{**})$$

簡単にするため$u(0) = 0$と見なす

＝消費の全価値

よって、Ⓘが（消費者の利益）と分かります。

利潤＋消費者の利益＝社会の利益として
まとめると、右図のようになります。

p（価格）
供給曲線
社会の利益
消費者の利益
E
p_e
企業の利潤
需要曲線
量
x_e

取引が交点Eで行われないと、
どうなりますか？

右の図の“すきま”の分、
社会の利益が少なくなっちゃいます。

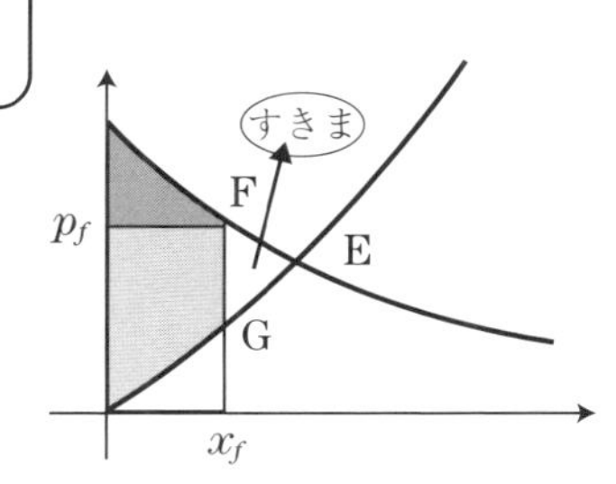

微積新聞
平成□年(200○年)
□月□日第006号
微分・積分新聞（ビセキ）The Biseki Shinbun
発行人　引間 乗子
微積新聞編集部 算田町大字大森字小森下ル

微積のうた…⑥　引間のりこ

雨ニモマケズ
風ニモマケズ
ビブンニモ
セキブンニモ
マケヌ丈夫ナ
アタマヲモチ
スラスラ数式ヲ
アヤツッテ
シャカイノコトヲ
冷静ニ、ジブンノ
カンジョウヲイレズ
ワカルヒト
ソウイフヒトニ
ワタシハ
ナリタヒ。

速度の積分 実は 距離

速度の積分＝位置の差＝移動距離。この公式を理解すれば速度が刻々と変化する運動もうまく計算することができるという…　本紙期待の新人記者引間がその真相に迫ります。

ピンとくる人もこない人もいるだろう。本紙の増井記者が汗だくになって説明にあたってくれた動く歩道のたとえである。読者の方々は、距離の微分は速度であったことを増井の汗くさい姿と共に思い出してくれることだろう。たまには役に立つ汗かきの増井である。

さて、y軸上を移動している汗だくの増井のx秒後の位置を表したのが図の式1である。

この式1の導関数$F'(x)$はx秒後の「瞬間速度」ということになる。速度は英語でVelocityだが、そのvをとって$F'(x)$を分かりやすく$v(x)$と書くと微積分学の基本定理は式2となるのである。

時刻が$x1$、$x2$、$x3$…と進むと汗だくの増井は$y1$、$y2$、$y3$…と行きつ戻りつしながらy軸上を進んで行く様子が$y=F(x)$で表せるのだ！！！

式1　$y=F(x)$

式2　$\int_a^b v(x)dx=F(b)-F(a)$

はやくも真相に辿り着いてしまったようだ。図1のAのように式2の中の$v(x)$を図にして見ていただきたい。図1のグレー部分が速度の面積である。

また式1をグラフにした図1のBを見ていただきたい。y軸の汗だく増井が動いた距離、つまり位置の差は図1のAとBを並べてみると、これはなんと！

速度の積分は位置の差に等しいのだ。

この公式を理解した記者は速度が刻々と変化している運動もうまく計量できるようになった。なったハズ。いや、なったつもり…。

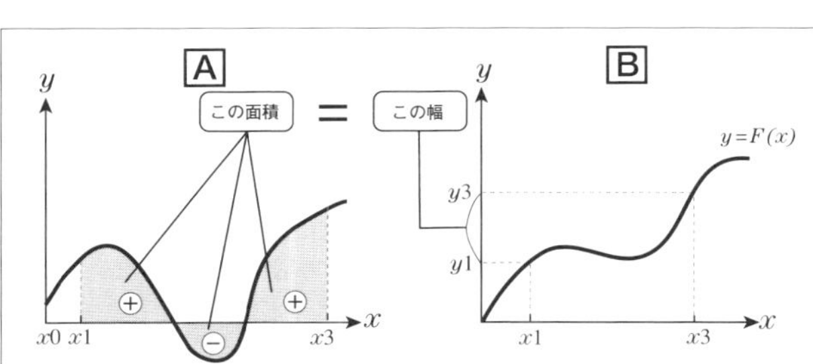

図 1

速度の積分=位置の差

東京タワーからの落下物 何秒で地上に？

当たり前のことを深く見つめ直す…それが最近、微分積分に目覚めた記者の新境地だ。世の中にある当たり前のこと。しかし、そこにはある秩序があり、それゆえに当たり前となっているのだ。例えば、手に持っている物を離せば下に落ちて行くこと。これは時々刻々と速度が変化する運動と言ってもいいだろう。そしてこれは微分積分の公式でうまく捉えることができる運動なのだ。

前置きが長くなったが、微分積分パーソンとして少し自信が出てきた記者の胸にあるお題が湧き上がってきた。

「東京タワーのてっぺんから物を落としたら何秒で地面に着くのか？」

「東京タワーへ行って落としてみりゃいいじゃん！」という増井の言葉は聞かないことにして考察を進めていきたい。いざ、レッツゴー！

物が落下する時の速さの増え方は重力加速度（注1）として知られている。つまり1秒あたり約9・8ｍ／秒ずつ速くなっていくということだ。誰が決めたのか？ 誰でもない。地球の重力下ではそうらしい。さて、T秒間に物がどれくらいの距離を落下するかを表した数式が左に示した式1だ。

速度の積分が位置の差つまり移動距離ということだから図1と2を参考にして式2が導かれる。東京タワーの高さは333メートルだから式2のT秒間の落下距離は333として計算することができる。すると、333を4・9で割ったものの平方根がその答えとなる！ そして、計算すると約8・2。つまり東京タワーのてっぺんからポーンと落とされたものは約8・2秒かかって地上に着くのだ！

（とりあえず空気抵抗は無視した。）

注1　重力加速度9.8m/s^2

式1　$F(T)-F(0)=\int_0^T v(x)\,dx=\int_0^T 9.8x\,dx$

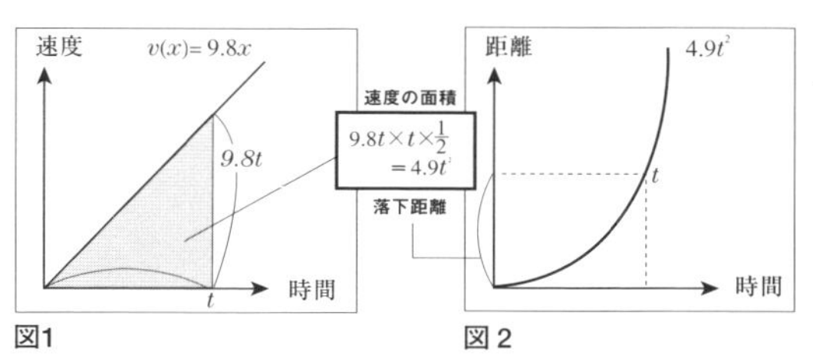

図1　図2

式2　T秒間の落下距離 $=4.9T^2-4.9\times0^2=4.9T^2$

$$333=4.9T^2 \longrightarrow T=\sqrt{\frac{333}{4.9}}=約8.2$$

答えは約8・2秒。

サイコロは投げられた!!

ダイスにも微積分学の基本定理。

確率の密度関数と分布関数から。

サイコロ＝ダイス。読者諸兄は、何を思い出すだろう。子供のころ、やった双六に使ったことだろうか。古の時代から世界中で使われてきた六面体は遊戯だけでなく、占い、ギャンブルなど多岐にわたって私達にその「目」を見せてきた。数学的に言うと世界最小の乱数発生装置と言ってもいいだろう。ダイスって素敵。そしてまた、ここでは微分積分の「目」が振られたのだ。さて、ダイスの出る目は、1、2、3、4、5、6というように、飛び飛びの値をとる。ダイスを振って特定の目が出る確率は$\frac{1}{6}$。これを棒グラフで表してみよう。横軸に出る目を書く。縦軸にはある目が出る確率を書く。この場合はどの目も同じ確率であるから図1のようになるのだ。

これを式に書いてみると、式1となる。($f(x)$＝サイコロの目がxの確率）例えば4の目が出る場合は式2のようになる。

図2を見てほしい。これの意味することはダイスの目の分布関数というものだ。細かく見てみよう。まず横軸の1のあたりに注目。1未満の数値は存在しない。よってこの部分での確率はゼロ。そしてちょうど1の時、確率は$\frac{1}{6}$に跳ね上がる。つまり1以上2未満の確率は、$\frac{1}{6}$ということだ。そして2の時にまたまた跳ね上がり今度は確率が$\frac{2}{6}$になった。これは2以下が出る確率が、$\frac{2}{6}$ということを表している。さらに3未満まで確率は同じだから、3未満の確率は$\frac{2}{6}$とも言える。しかし、3未満といっても、ダイスの目だから、1か2しかない。以下同様に考え、6以下の目が出る確率、つまり何らかのダイスの目が出る確率は1ということだ。ダイスの角でバランス良く立つなんてことはありえない。

ダイスの目が2より大きく5以下になる確率の場合を図1と2を使ってあわせて見てみよう。すると図3の式で説明できる。本来ダイスは六つの目しかないが、これを無限に細かくして連続になると、式3が導かれる。これは、（微分した関数の積分）＝（元の関数の差）という微積分学の基本定理と同じものではないか！　漫然と振っていたダイスの目の出方にも微分積分の秩序がひそんでいたのだ。凄いぞダイス！　ダイス大好き！

図1 密度関数

式1 $f(x)=$（サイコロの目がxとなる確率）

式2 $f(4)=\frac{1}{6}$（4の目の確率）

図2 分布関数

$f(3)+f(4)+f(5) = F(5)-F(2)$

図3 分布関数 $F(x)$ の微分＝密度関数 $f(x)$

$f(x)$＝密度関数
$F(x)$＝分布関数

$a \leqq x \leqq b$ なる数値xの出る確率

＝

式3 $\int_a^b f(x)dx = F(b)-F(a)$

（微分した関数の積分）＝（元の関数の差）

微積分学の基本定理

パタ
パタ
取材〜
取材〜
ガクッ
あれっ？
ヒュ〜
あれっ？
ドシーン

んあ？

あたた…
夢か…

何コレ!?
キャー
待ち合わせ
15分前じゃない!!

関さ〜ん！
今向かってますー
算田町の
夏祭り大会の
取材〜

5 微積分学の基本定理の確認

$F(x)$ の導関数が $f(x)$ の時、つまり $F'(x)=f(x)$ ならば

$$\int_a^b f(x)dx=F(b)-F(a) \qquad \text{——(1)}$$

あるいは同じことだが

$$\int_a^b F'(x)dx=F(b)-F(a) \qquad \text{——(2)}$$

これは意味的には

$$\int_a^b (\text{微分した関数})dx=(\text{元の関数の }b\text{ から }a\text{ までの差})$$

ということを表す。

図形的には

(微分した関数と x 軸と $x=a$ と $x=b$ とで挟まれた（符号付き）面積) = (元の関数の b から a までの差)

ということでもある。

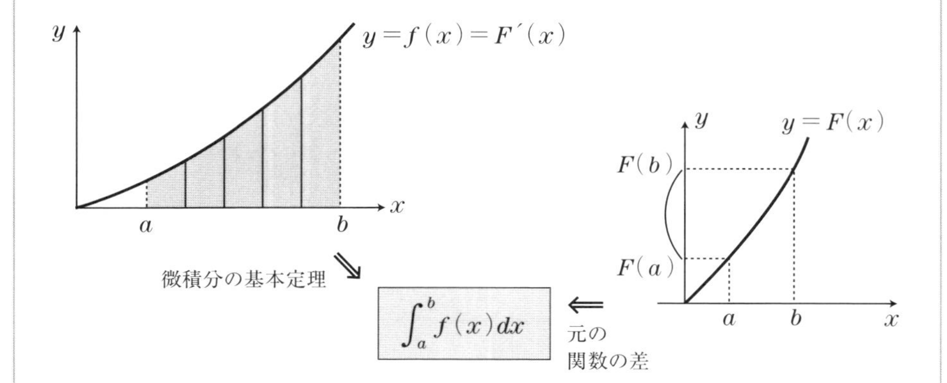

置換積分の公式

変数xを変数yによって$x=g(y)$と変数変換した時、$f(x)$に対する定積分

$S=\int_a^b f(x)dx$の値は、yの定積分によってどう表されるだろうか。

まず定積分を階段による近似で表しておく。

$$S \sim \sum_{k=0,\,1,\,2,\,\cdots,\,n-1} f(x_k)(x_{k+1}-x_k) \qquad (x_0=a,\ x_n=b)$$

ここで、$x=g(y)$と変数変換して、

$a=g(\alpha),\ x_1=g(y_1),\ x_2=g(y_2)\cdots\cdots,\ b=g(\beta)$

となるように、$y_0=\alpha,\ y_1,\ y_2\cdots\cdots,\ y_n=\beta$を設定する。

この時、$g(y)$の近似1次関数によって、

$x_{k+1}-x_k=g(y_{k+1})-g(y_k)\sim g'(y_k)(y_{k+1}-y_k)$であることに注意しよう。

これらを代入すると、

$$S \sim \sum_{k=0,\,1,\,2,\,\cdots,\,n-1} f(x_k)(x_{k+1}-x_k) \sim \sum_{k=0,\,1,\,2,\,\cdots,\,n-1} f(g(y_k))\,g'(y_k)(y_{k+1}-y_k)$$

最後の式は、$\int_\alpha^\beta f(g(y))\,g'(y)dy$を近似計算したものである。

したがって、分割を理想的に細かくすることによって次の公式が得られる。

公式 3-2 置換積分の公式

$$\int_a^b f(x)\,dx = \int_\alpha^\beta f(g(y))\,g'(y)\,dy$$

（応用例）　$\int_0^1 10(2x+1)^4dx$ を求める。

$y=2x+1$ となるように、すなわち $x=g(y)=\dfrac{y-1}{2}$ と変数変換する。

$y=2x+1$ であるから、$x=g(y)=\dfrac{1}{2}y-\dfrac{1}{2}$ より $g'(y)=\dfrac{1}{2}$ とおける。

そして、元の関数を y で積分すると考えれば、

$0=g(1)$, $1=g(3)$ であるから、積分の範囲は 1 ～ 3 となる。

$$\int_0^1 10(2x+1)^4dx=\int_1^3 10y^4\frac{1}{2}dy=\int_1^3 5y^4dy=3^5-1^5=242$$

第3章 練習問題

1. 次の定積分を計算せよ。

(1) $\int_1^3 3x^2dx$　　(2) $\int_2^4 \dfrac{x^3+1}{x^2}dx$

(3) $\int_0^5 x+(1+x^2)^7dx+\int_0^5 x-(1+x^2)^7dx$

2. 次の定積分を計算せよ。

(1) $y=f(x)=x^2-3x$ のグラフと x 軸とが囲む面積を定積分の式で書いてみよ。

(2) (1) の面積を計算せよ。

第4章

苦手な関数は積分で克服せよ

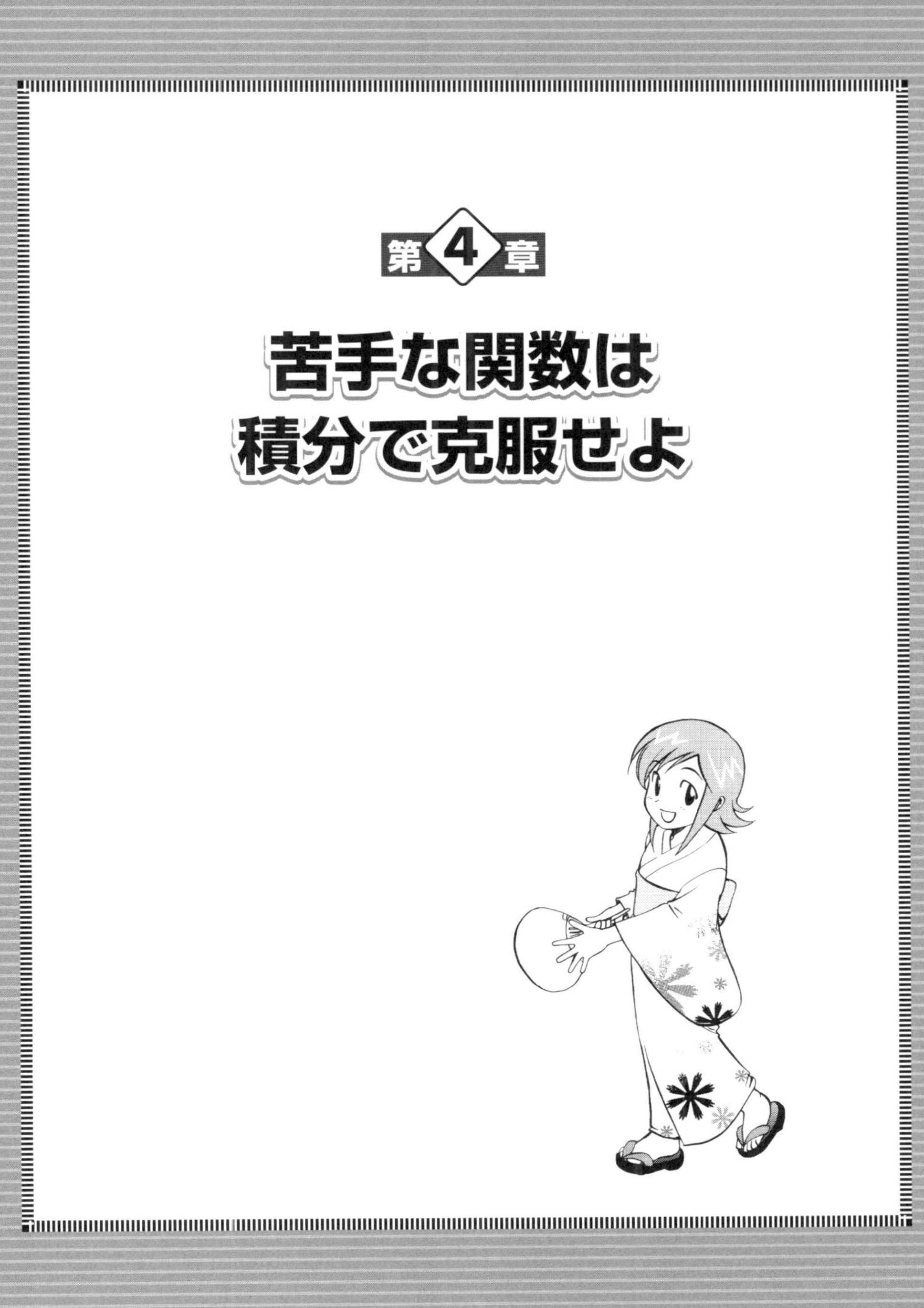

1 三角関数は何の役に立つんだ？

そうだよなぁ
僕が駆け出しの頃は
そんな便利な物は
なかったから…
ギリギリの入稿は
よく公衆電話で
したもんだ…

社で待機してる
バイト君に
電話で原稿を一字一句
読み上げてね…

まったく
電波さまさま
だね
ひゃー
ありえな〜い

海の波、地震、音波…
光もそうですよね
我々が
お世話になってる
電波をはじめ　自然界には
さまざまな
波動がありますね

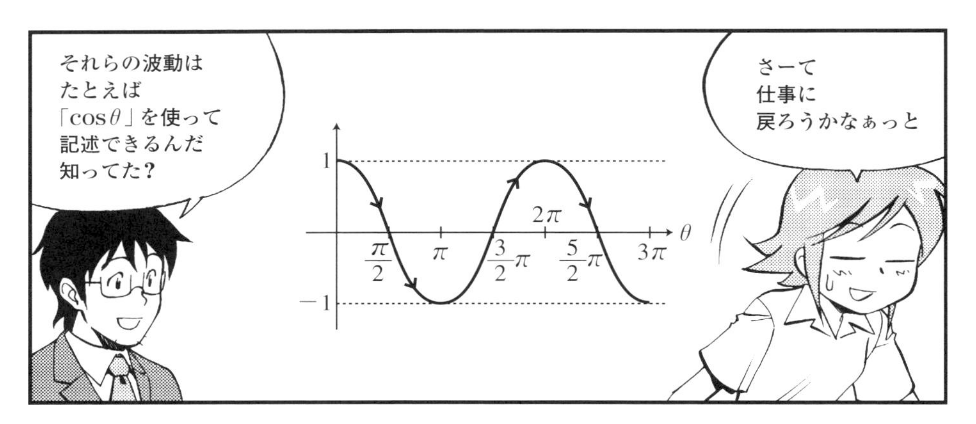
それらの波動は
たとえば
「cosθ」を使って
記述できるんだ
知ってた?
1
−1
$\frac{\pi}{2}$
π
$\frac{3}{2}\pi$
2π
$\frac{5}{2}\pi$
3π
θ
さーて
仕事に
戻ろうかなぁっと

引間くーん

ちなみに洋服の袖を
切り開くと
そこもcosθのグラフに
なるんだ

三角関数は
洋裁にとっても
大切なんですよー
ハイハイ

焼き
焼き
とうもろこし
ラムネ
クレープ

彼女たちを見てください
ちょうどいい機会だから
取材を兼ねて
関数の発展学習を
しましょう
なんですか
いきなり

ハァ?
引間くん
あれ撮って!
cosθです!!

つい
習性で
メモを…
あたしったら…
ガーン

ラジアン…
rad
「ラジアン」という
角度の単位が
あるんです

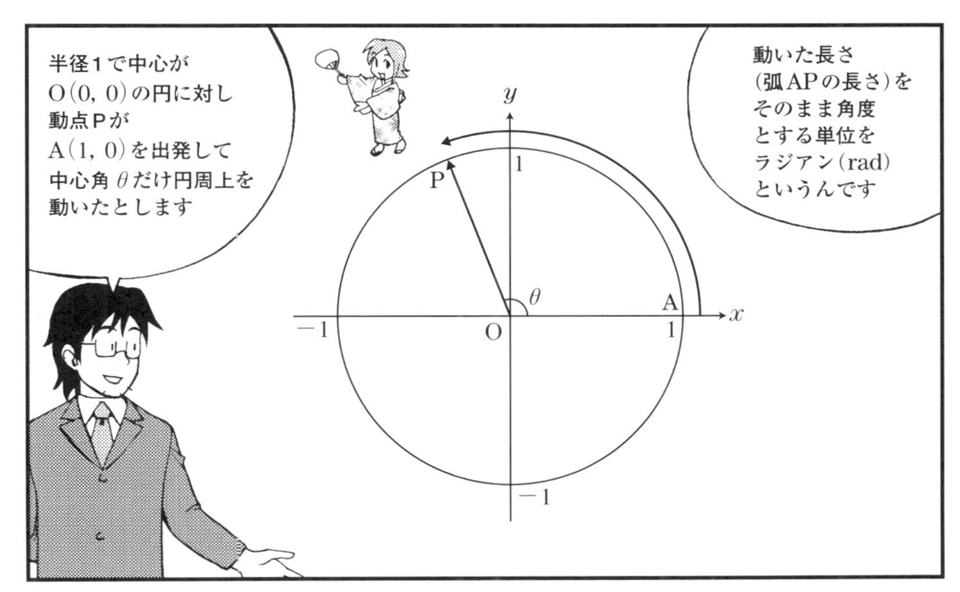
動いた長さ
(弧APの長さ)を
そのまま角度
とする単位を
ラジアン(rad)
というんです
半径1で中心が
O(0, 0)の円に対し
動点Pが
A(1, 0)を出発して
中心角 θだけ円周上を
動いたとします
y
x
P
A
O
θ
1
−1
1
−1

これからは
角度の単位は
すべて
ラジアンを
使いますからね
円周＝2πであることに
注意すると
例えば
90度＝$\frac{\pi}{2}$ラジアン
180度＝πラジアン
などとなります

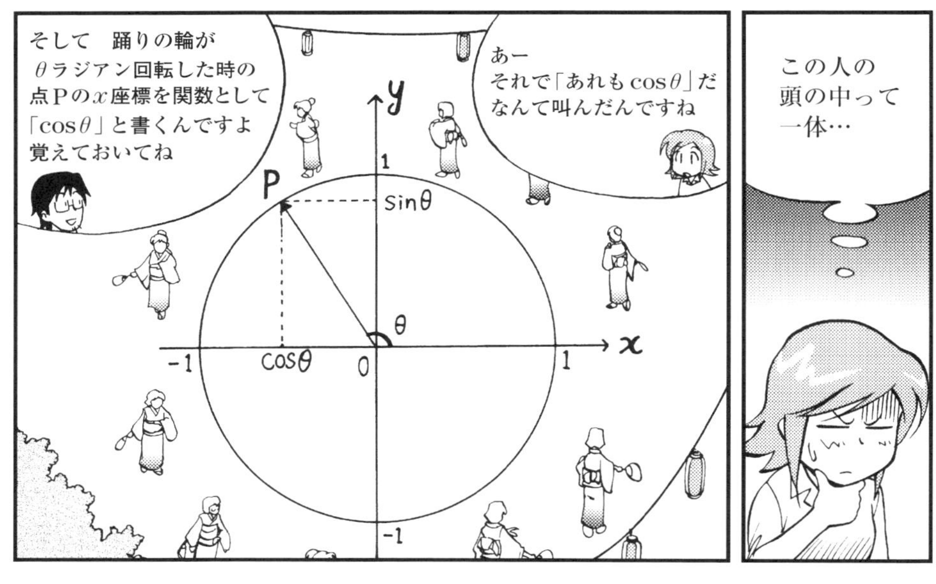
この人の
頭の中って
一体…
あー
それで「あれも$\cos\theta$」だ
なんて叫んだんですね
そして　踊りの輪が
θラジアン回転した時の
点Pのx座標を関数として
「$\cos\theta$」と書くんですよ
覚えておいてね
y
x
P
1
-1
0
$\sin\theta$
$\cos\theta$
θ

引間くん！　見なさい!!
グイッ

へーい
同様にして
y座標の方は
「$\sin\theta$」と
書きます

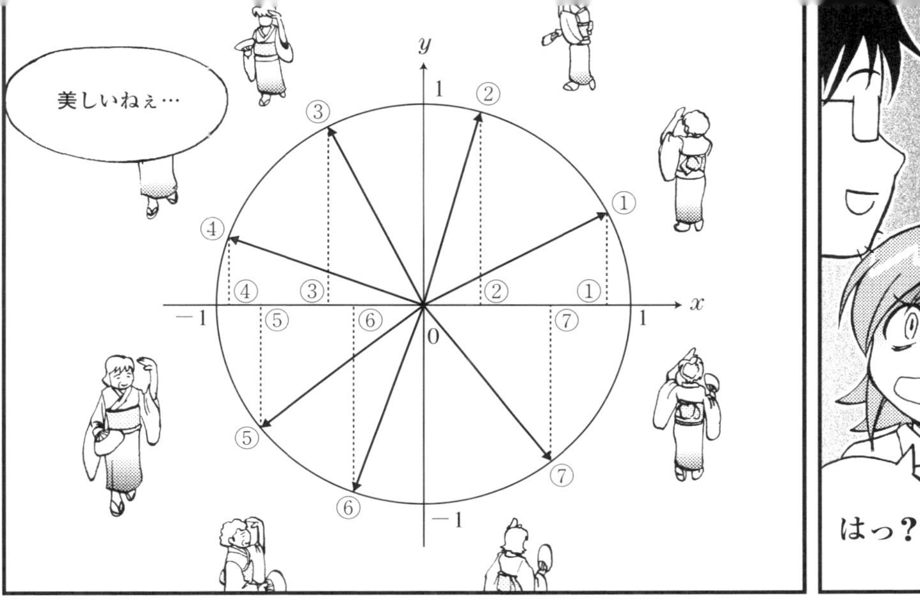
美しいねぇ…
y
1
①
②
③
④
⑤
⑥
⑦
x
−1
0
1
−1
はっ？

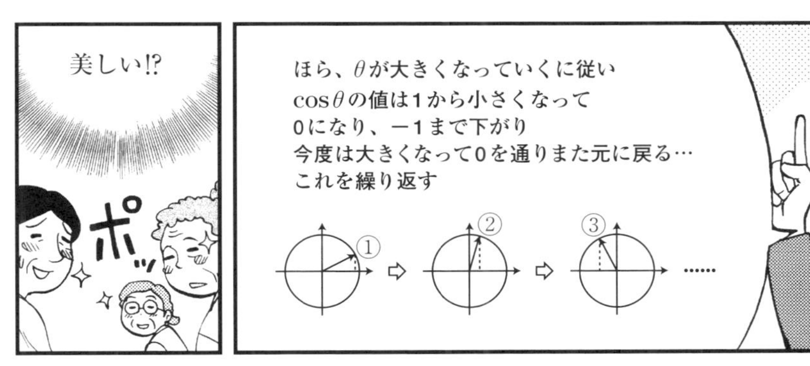
美しい!?
ポッ
ほら、θが大きくなっていくに従い
$\cos\theta$の値は1から小さくなって
0になり、−1まで下がり
今度は大きくなって0を通りまた元に戻る…
これを繰り返す
①
②
③
……

$\cos\theta$は
要するに
1と−1の間を
振動するという
わけですね
そう
三角関数は
波動を表すから
自然界の
たくさんの事象を
解明するための
道具になるんだ
うおっ！
おばあちゃんたちが
勘違いして
輝いている!?
実に
ビューティフル！

2 コサインは正斜影

はい…
ところでなんで
太鼓のバチなんて
持ってるんですか？
ドンドンっとね
意外と
大きなお祭り
でしょう？

なるほど
祭り
だからさ

じゃ　ちょっと
正確に
やって
みましょうか
ブスッ

ええ
意外ですけど
おぼろげに
覚えてます
影の長さ＝
棒の長さ×cosθ
って
知ってましたか？

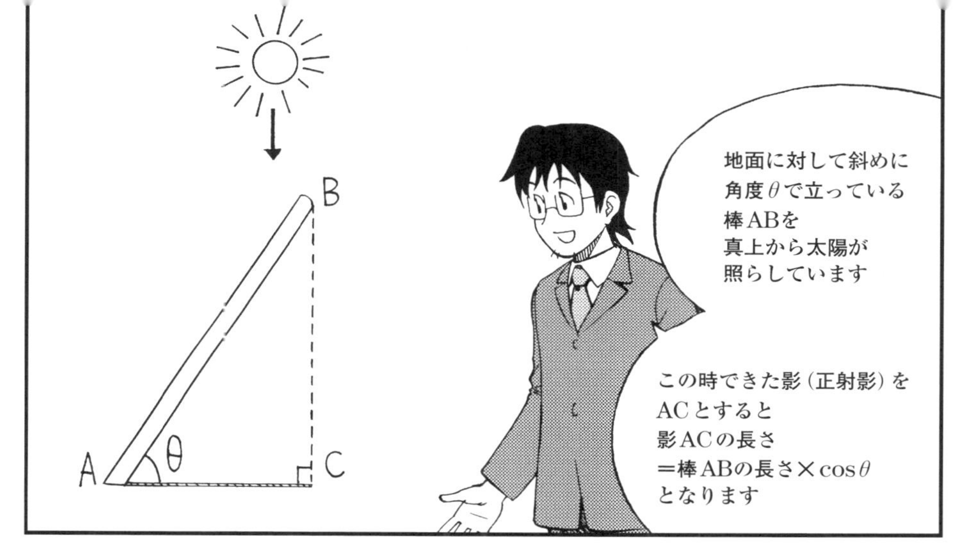
B
A
θ
C
地面に対して斜めに
角度θで立っている
棒ABを
真上から太陽が
照らしています
この時できた影（正射影）を
ACとすると
影ACの長さ
＝棒ABの長さ×cosθ
となります

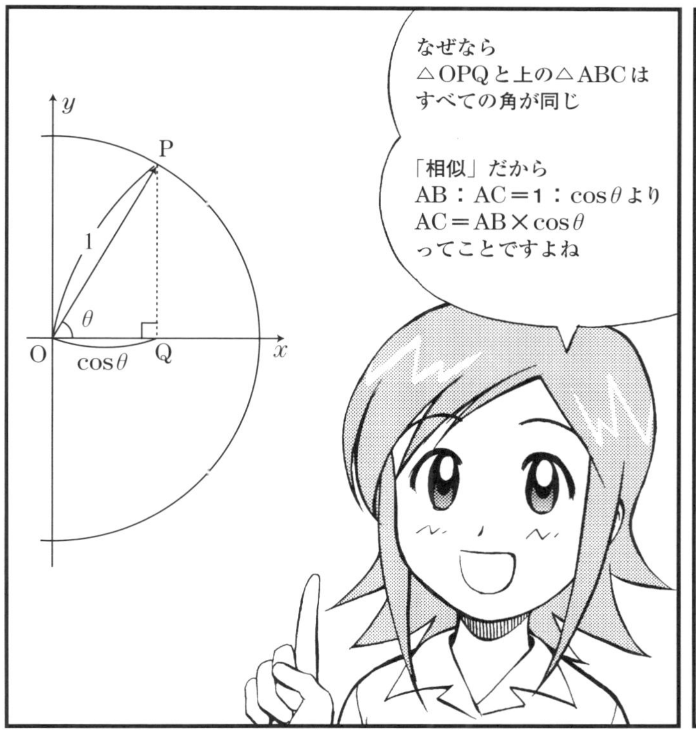
y
P
1
θ
O
Q
x
cosθ
なぜなら
△OPQと上の△ABCは
すべての角が同じ
「相似」だから
AB：AC＝1：cosθより
AC＝AB×cosθ
ってことですよね

つまり
コサインは
ある方向へ
影を映した時の
縮小率を
表している
わけです

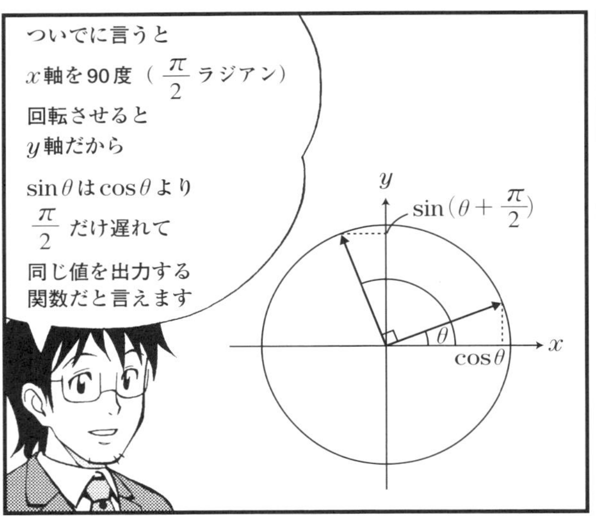
ついでに言うと
x軸を90度（$\frac{\pi}{2}$ラジアン）
回転させると
y軸だから
$\sin\theta$は$\cos\theta$より
$\frac{\pi}{2}$だけ遅れて
同じ値を出力する
関数だと言えます
y
$\sin(\theta+\frac{\pi}{2})$
θ
x
$\cos\theta$

つまり
$\sin(\theta+\frac{\pi}{2})=\cos\theta$
ってことです
$\sin(\theta+\frac{\pi}{2})=\cos\theta$
$\cos(\theta+\frac{\pi}{2})$
$=-\sin\theta$

あの～…
バチ
返してくんない？

…？
なんですか？

さっ！
算田の夏祭りは
ここからが
本番ですよ!!
ずっ

3 三角関数は積分が先に分かる

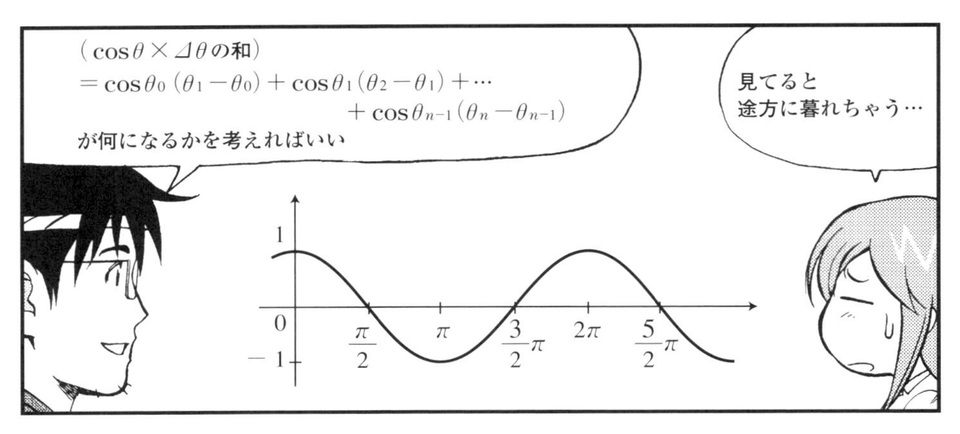
見てると
途方に暮れちゃう…
（cosθ×⊿θの和）
$=\cos\theta_0(\theta_1-\theta_0)+\cos\theta_1(\theta_2-\theta_1)+\cdots+\cos\theta_{n-1}(\theta_n-\theta_{n-1})$
が何になるかを考えればいい
1
0
-1
$\frac{\pi}{2}$
π
$\frac{3}{2}\pi$
2π
$\frac{5}{2}\pi$

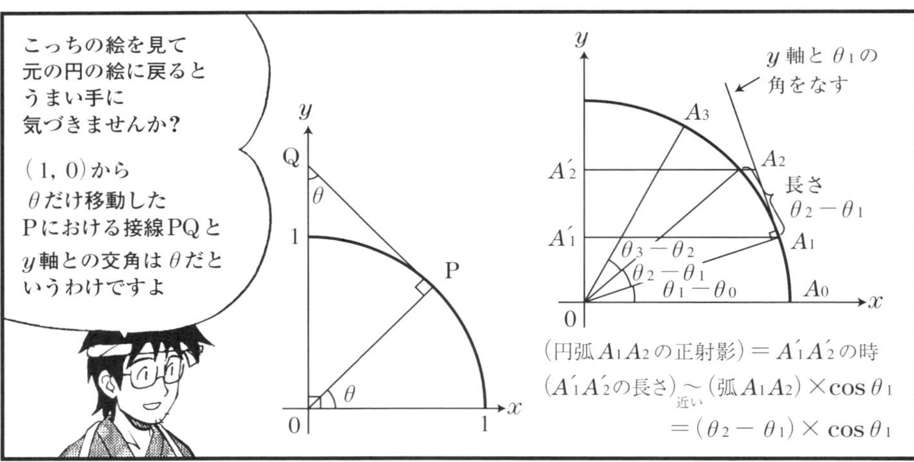
こっちの絵を見て
元の円の絵に戻ると
うまい手に
気づきませんか？
（1, 0）から
θだけ移動した
Pにおける接線PQと
y軸との交角はθだと
いうわけですよ
y
Q
θ
1
P
θ
0
1
x
y軸とθ₁の
角をなす
A_3
A'_2
A_2
長さ
$\theta_2-\theta_1$
A'_1
A_1
$\theta_3-\theta_2$
$\theta_2-\theta_1$
$\theta_1-\theta_0$
A_0
（円弧A_1A_2の正射影）＝$A'_1A'_2$の時
（$A'_1A'_2$の長さ）～（弧A_1A_2）×$\cos\theta_1$
近い
＝（$\theta_2-\theta_1$）×$\cos\theta_1$

増井さん…
あの人は…
やきそば…

やきそば
ズズ
ズズ

？

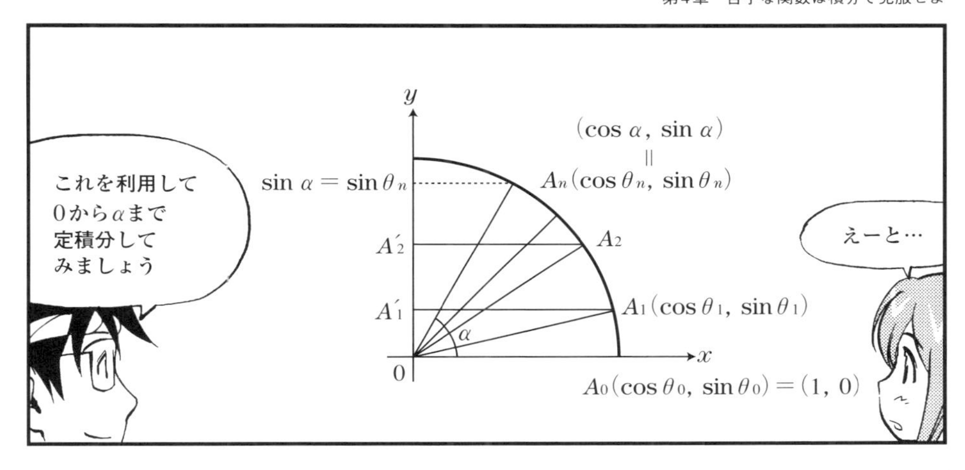
これを利用して
0からαまで
定積分して
みましょう
$(\cos\alpha, \sin\alpha)$
$A_n(\cos\theta_n, \sin\theta_n)$
$\sin\alpha = \sin\theta_n$
A'_2
A_2
A'_1
$A_1(\cos\theta_1, \sin\theta_1)$
α
y
x
0
$A_0(\cos\theta_0, \sin\theta_0) = (1, 0)$
えーと…

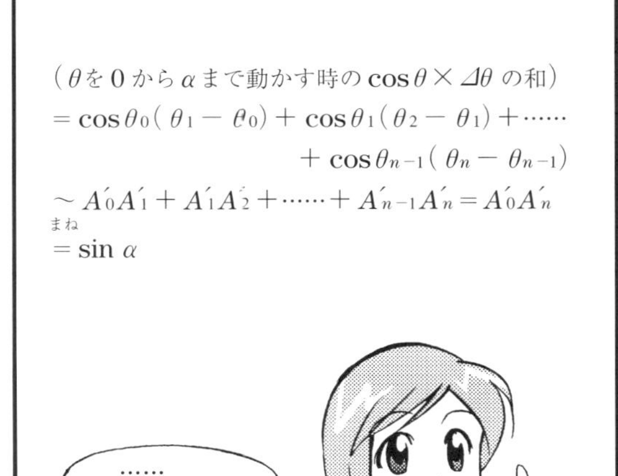
（θを0からαまで動かす時の$\cos\theta \times \varDelta\theta$の和）
$= \cos\theta_0(\theta_1 - \theta_0) + \cos\theta_1(\theta_2 - \theta_1) + \cdots\cdots + \cos\theta_{n-1}(\theta_n - \theta_{n-1})$
$\sim A'_0A'_1 + A'_1A'_2 + \cdots\cdots + A'_{n-1}A'_n = A'_0A'_n$
$= \sin\alpha$
……
ですよね

つまり
コサインの積分
はサインに
なるってわけ
です
そうです
これを
無限に
細かくすると
……
$\int_0^\alpha \cos\theta d\theta = \sin\alpha - \sin 0$

正解！
公式にまとめて
覚えましょう
じゃあ　逆に言えば
サインの微分はコサイン
になるってこと？

公式 4-1 | 三角関数の微分・積分

$$\int_0^\alpha \cos\theta\, d\theta = \sin\alpha - \sin 0 \qquad \text{—— ①}$$

だから

$$(\sin\theta)' = \cos\theta \qquad \text{—— ②}$$

②でθを$\theta + \dfrac{\pi}{2}$に置き換えてみよう。

$$\left(\sin\left(\theta + \frac{\pi}{2}\right)\right)' = \cos\left(\theta + \frac{\pi}{2}\right)$$

$$(\cos\theta)' = -\sin\theta \qquad \text{—— ③}$$となる

微分・積分すると、サイン・コサインは入れ替わるということ。

微積音頭
三角関数バージョン

〈振り付け解説〉

ビビンブンブン
ビビンガブン！
野暮な理屈も音頭で分かる
ビブンセキブンチョイトな〜

サイン・コサイン
輪の中で
微分積分やっちゃうよ
【丸を書くように両手バンザイ】

サイン
サインの微分は
コサインで
【両手でSを書くように】
微分
$(\sin\theta)' = \cos\theta$

サイン・コサイン
輪の中で
微分・積分で
入れ替わる〜
【右手、左手交互に
上げ下げ】
あ、そーれ
微分
積分

C
コサイン積分
サインになるよ〜
【両手でCを書くように】
積分
コサイン
$\int_0^\alpha \cos\theta d\theta = \sin\alpha$

引間くんこそ
そのカッコで
よく取材だなんて…
取材に
来たんですよ！

ダメだよ…
まだ出店の物
半分も
食べきれて
ないんだから
増井さんも
踊ろうよー

ええい
いつまでノンビリ
してるんですか
二人とも
明日の朝刊に
間に合いませんよ！
ズッ

まったく
お祭りだからって
羽目を
はずしすぎですよ
ドーン
パーン
自分だって…

4 指数と対数

あさがけ新聞

よし!
送信
送信
フーッ
原稿
送りましたー
本当にパソコンと
インターネットの
おかげで
記者の仕事も
変わりましたね

ところで
コンピュータが扱う情報は
0と1の2種類の符号、
すなわち
「ビット(bit)」の列で
表されます

あ　知ってますよ
ちビットだけ

で　ですね…
ツッコミ
なし…か…

xビットで表現できるパターン数を$f(x)$と書くと$f(x)=2^x$という指数関数になるんです
コンピュータは2進法で情報を扱うので1ビットは0, 1の2パターン
2ビットは00, 01, 10, 11の4パターン、
3ビットは8パターンとなっていって
nビットは2^nパターンになります
指数関数

指数関数は経済成長のように時間的増加を表現できる関数です
指数関数？

そうだなぁ…たとえば…
え〜と…

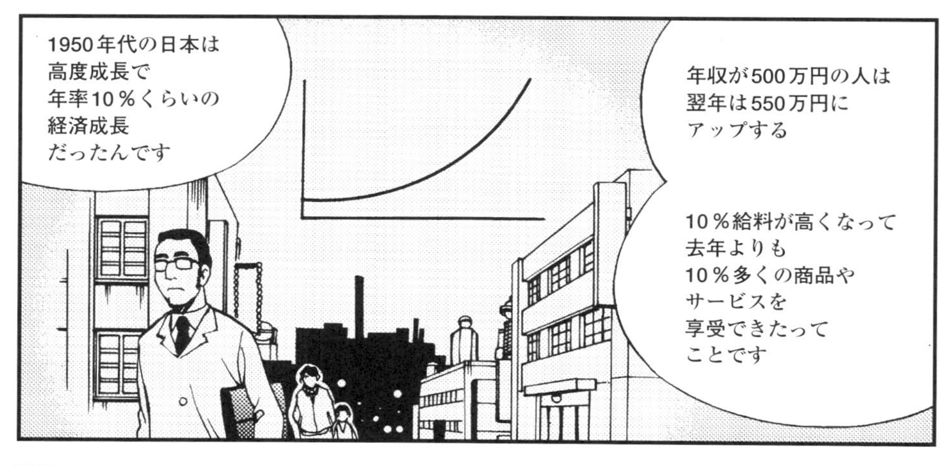

年収が500万円の人は翌年は550万円にアップする
10％給料が高くなって去年よりも10％多くの商品やサービスを享受できたってことです
1950年代の日本は高度成長で年率10％くらいの経済成長だったんです

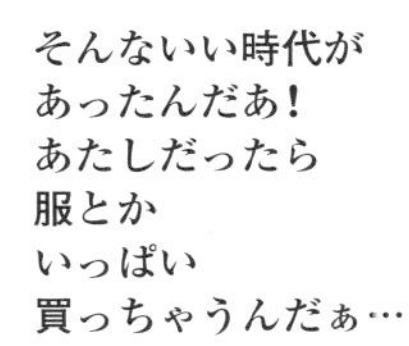

そんないい時代があったんだあ！
あたしだったら服とかいっぱい買っちゃうんだぁ…

まあ落ち着いて

今、10％の成長を続ける経済があって
現在の国内総生産がG_0だとしましょうか
すると数年後はこうなります

1年後の国内総生産

$$G_1 = G_0 \times 1.1$$

2年後の国内総生産

$$G_2 = G_1 \times 1.1 = G_0 \times 1.1^2$$

3年後の国内総生産

$$G_3 = G_0 \times 1.1^3$$

4年後の国内総生産

$$G_4 = G_0 \times 1.1^4$$

5年後の国内総生産

$$G_5 = G_0 \times 1.1^5$$

では
一般的にn年後の国内総生産G_nは？

$G_n = G_0 \times 1.1^n$
ですね

ちなみに
$G_7 = G_0 \times 1.1^7 \fallingdotseq G_0 \times 1.95$
だから7年で約2倍ですね

あ〜
給料2倍になったら何買おう…

で、このような
$f(x) = a_0 \times c^x$
という形の関数を指数関数と呼びます

年成長率αの経済は
$f(x) = a_0 \times (1 + \alpha)^x$
という指数関数になるんです

ところで
さっきビットは
情報を表す符号である
という
話をしましたよね

ええ
1ビットは
2パターン
2ビットは
4パターン
でしたね

逆関数

ビットも指数関数ですよね
xビットを$f(x)$パターン
とすれば$f(x)=2^x$

ところで
このパターンを逆に
ビットに戻す「逆関数（ぎゃくかんすう）」
というのがあるんです

簡単ですよ
だって逆に考えれば
いいんですから

2パターン → 1ビット
4パターン → 2ビット
8パターン → 3ビット
⋮

つまり
2^nパターン
だったら
nビットです

じゃあ
仮にyパターンを
ビットに戻す
「$f(x)$の逆関数」を
$g(y)$と書きましょう
やってみて

$g(2)=1$, $g(4)=2$,
$g(8)=3$,
$g(16)=4\cdots$
ってなりますよね

つまり
fとgの関係は
$g(f(x))=x$,
$f(g(y))=y$
で表せるんです

指数関数の逆関数を
「対数関数（たいすうかんすう）」と言って
「log（ログ）」という
記号で表すことを
覚えておいてください

『log（ログ）』

上の例の場合
$g(y)=\log_2 y$
と書きます

$\log_2 2=1$、$\log_2 4=2$
$\log_2 8=3$、$\log_2 16=4\cdots$
ですね

5 指数・対数を一般化したいね

この指数・対数は便利なんですけど、今のままの定義では、$f(x)=2^x$ の x は、自然数のみ。$g(y)=\log_2 y$ の y は 2 のべき乗の形の数だけに限られていて、2 の－ 8 乗とか、2 の $\dfrac{7}{3}$ 乗とか、2 の $\sqrt{2}$ 乗とか、$\log_2 5$ とか、$\log_2 \pi$ とかは定義されてないんですよ。

だからこのような例も含めて指数や対数を一般的に定義するにはどうしたらいいかを教えておきますね。

へー。どうするんですか？

よくぞ、聞いてくれました。これにこそ、いままでやってきた微分積分のパワーを使うんです！

まず、年の「成長率」を「瞬間化」してみましょう。

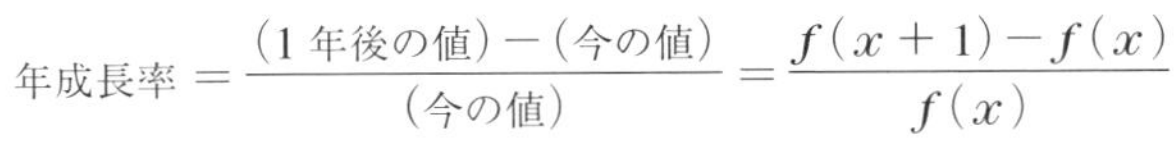

$$\text{年成長率} = \frac{(1\text{ 年後の値})-(\text{今の値})}{(\text{今の値})} = \frac{f(x+1)-f(x)}{f(x)}$$

スタートはこの式になりますよね。

じゃあこれを「瞬間成長率」に発展させますよ。式はこうです。

$$\text{瞬間成長率} = \left(\frac{(\text{ちょっとだけあとの値}) - (\text{今の値})}{(\text{今の値})} \div (\text{進行した時間}) \right) \text{を理想化した値}$$

$$= \left(\frac{f(x+\varepsilon) - f(x)}{f(x)} \; \frac{1}{\varepsilon} \right) \text{で } \varepsilon \to 0 \text{ としたもの}$$

$$= \lim_{\varepsilon \to 0} \frac{1}{f(x)} \; \frac{f(x+\varepsilon) - f(x)}{\varepsilon} = \frac{1}{f(x)} \; f'(x)$$

つまり、「瞬間成長率」$= \dfrac{f'(x)}{f(x)}$

と定義すればいいわけさ！

そこで我々は「瞬間成長率」＝一定の関数

$$\frac{f'(x)}{f(x)} = c \; (c \text{は定数})$$

と考えることにしてみよう。特に $c = 1$ として、

$$\frac{f'(x)}{f(x)} = 1$$

となる $f(x)$ を見つけよう。

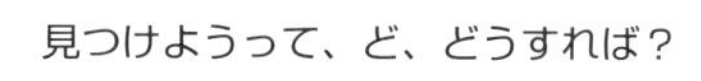

[1] まずこれが指数関数であることを類推しておこう。

$f'(x) = f(x)$ ―― ☆

なので、$f'(0) = f(0)$ ―― ①

ここで h が十分 0 に近ければ、

$f(h) \underset{\text{まね}}{\sim} f'(0)(h-0) + f(0)$ であったことを思い出して！

① から $f(h) \sim f'(0)\ h + f(0)$

$$f(h) \sim f(0)(1+h) \text{ —— ②}$$

次に x が h に十分近ければ、

$$f(x) \underset{\text{まね}}{\sim} f'(h)(x-h)+f(h)$$

だから、x を $2h$ としておいて、（$f'(h)=f(h)$ を使おう）

$$f(2h) \sim f(h)h + f(h) = f(h)(1+h) \quad \text{（ここで②を代入）}$$

$$\sim \{f(0)(1+h)\}(1+h) = f(0)(1+h)^2$$

つまり、

$$f(2h) \sim f(0)(1+h)^2$$

以下同様にして、$3h$, $4h$, $5h$, ……を作っていって $mh=1$ となるようにすれば、

$$f(1)=f(mh) \sim f(0)(1+h)^m$$

同様に

$$f(2)=f(2mh) \sim f(0)(1+h)^{2m} = f(0)\{(1+h)^m\}^2$$
$$f(3)=f(3mh) \sim f(0)(1+h)^{3m} = f(0)\{(1+h)^m\}^3$$

つまり

$$f(n) \sim f(0) \times a^n \qquad (a=(1+h)^m \text{とおいた})$$

と、たぶん指数関数なんだろうなと分かるわけです※注1

※注1

$mh=1$ だから $h=\dfrac{1}{m}$ 。すると、$f(1) \sim f(0)\left(1+\dfrac{1}{m}\right)^m$

ここで $m \to \infty$ とすると $\left(1+\dfrac{1}{m}\right)^m \to e$ となることが示されている。

つまり $f(1)=f(0) \times e$ で、これは後の話（139ページ）とつじつまが合う。

2 そして次に、$f(x)$が確かに存在していることと、それがどんなものであるかを突き止めていくことにしましょう

$y=f(x)$の逆関数を$x=g(y)$と書いてください。

$f(x)$の微分は、ほら(☆)の$f'(x)=f(x)$から、自分自身ということになりますよね、これじゃあ何も分からない。じゃあ$g(y)$の微分は？　というと、

$$g'(y)=\frac{1}{f'(x)} \quad \text{③}$$

← 一般的にこうなりますから※注2

$$g'(y)=\frac{1}{f'(x)}=\frac{1}{f(x)}=\frac{1}{y} \quad \text{④}$$

← となる。つまり逆関数$g(y)$の微分は、具体的な関数$\frac{1}{y}$と分かった。

こうなれば「微積分学の基本定理」が使えます。つまり、

$$\int_1^{\alpha}\frac{1}{y}dy=g(\alpha)-g(1) \quad \text{⑤}$$

← $g'(y)=\frac{1}{y}$が分かったので$g(\alpha)$という関数は、$\frac{1}{y}$を1からαまで積分することで得られる関数ということになるんです。

ここで$g(1)=0$としておけば……

$g(\alpha)=\int_1^{\alpha}\frac{1}{y}dy$ ですね！

よしいいぞ！　次に、$z=\frac{1}{y}$のグラフを描いてみよう！

※注2　75ページで示したように$y=f(x)$の逆関数を$x=g(y)$とする時、$f'(x)\,g'(y)=1$

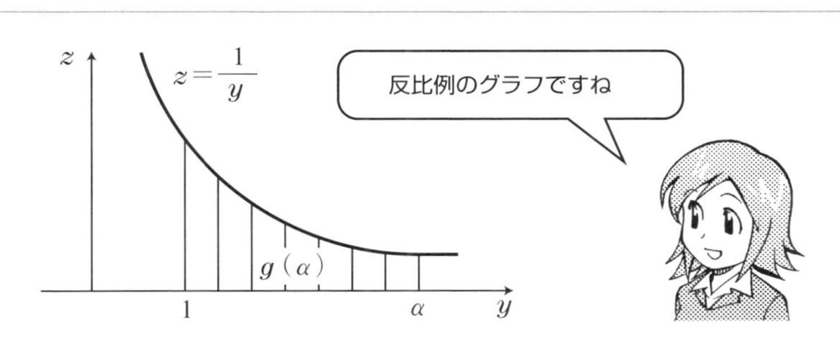

1からαまでの範囲をこのグラフとy軸ではさむ面積を$g(\alpha)$という関数と定義しましょう。これは実態のはっきりしている関数です。つまり、$g(\alpha)$は、αが分数だろうが、$\sqrt{2}$だろうが、確かに定義されているということです。

$z = \frac{1}{y}$ は具体的な関数だから、面積もはっきり決まりますね。

$g(1) = \int_1^1 \frac{1}{y}\,dy = 0$ だから、$\int_1^{\alpha} \frac{1}{y}\,dy = g(\alpha) - g(1)$ となっていて⑤を満たす。

こうして、逆関数$g(y)$の正体が分かりました。だから元の$f(x)$も分かったことになります。

6 指数関数、対数関数のまとめ

1 $\dfrac{f'(x)}{f(x)}$ は、成長率だと考えられる。

2 $\dfrac{f'(x)}{f(x)} = 1$ を満たす $y = f(x)$ は、成長率が一定値1の関数だと言える。

これは、指数関数の一種である。そして、

$f'(x) = f(x)$ —— ☆ を満たす。

3 $y = f(x)$ の逆関数を $x = g(y)$ と書くと、

$g'(y) = \dfrac{1}{y}$ —— ☆☆ となる。

4 $h(y) = \dfrac{1}{y}$ という反比例グラフの面積

$$\int_1^{\alpha} \frac{1}{y}\, dy$$

を $g(\alpha)$ と定義すれば、☆☆を満たして $g(1) = 0$ となる関数が、$f(x)$ の逆関数だ。

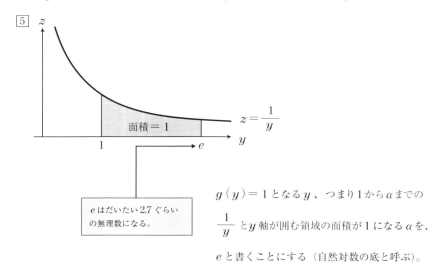

5

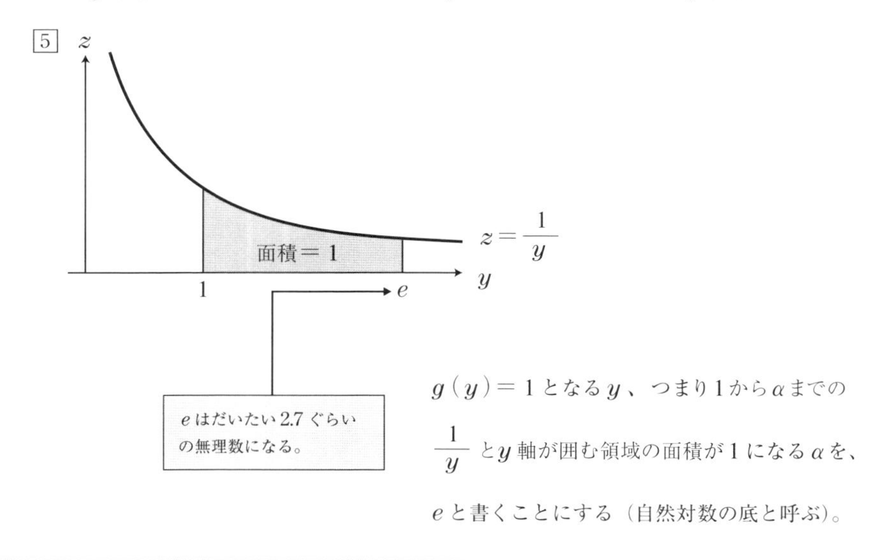

$g(y) = 1$ となる y、つまり1から α までの $\dfrac{1}{y}$ と y 軸が囲む領域の面積が1になる α を、e と書くことにする（自然対数の底と呼ぶ）。

$f(x)$は指数関数なので、定数a_0を使って

$f(x)=a_0a^x$と書けるが、この時、

$f(g(1))=f(0)=a_0a^0=a_0$

$f(g(1))=1$だったから、$a_0=1$となり

$f(x)=a^x$となる。

同様に、

$f(g(e))=f(1)=a^1$

$f(g(e))=e$だったから、

$e=a^1$となる。

以上により　$f(x)=e^x$と書ける。

逆関数$g(y)$は、$\log_e y$である（略して$\log y$でよい。底がeの場合は普通省略できる）。

今までの[1]～[5]をe^xと$\log y$を使って、書き換えよう。

[6] $f'(x)=f(x) \Leftrightarrow (e^x)'=e^x$

[7] $g'(y)=\dfrac{1}{y} \Leftrightarrow (\log y)'=\dfrac{1}{y}$

[8] [4] $\Leftrightarrow \displaystyle\int_1^y \frac{1}{y}\,dy=\log y$

[9] ビットの関数2^xをすべての実数xに対して定義するには

$f(x)=e^{(\log 2)x}$（xはすべての実数）

と考えればよい。なぜならe^xと$\log y$は逆関数の関係にあるから

$e^{\log 2}=2$

よって自然数xに対しては

$f(x)=(e^{\log 2})^x=2^x$となる。

$$\frac{1}{x}=x^{-1},\ \frac{1}{x^2}=x^{-2},\ \frac{1}{x^3}=x^{-3},\cdots$$

$$\sqrt{x}=x^{\frac{1}{2}},\ \sqrt[3]{x}=x^{\frac{1}{3}},\ \sqrt[5]{x^4}=x^{\frac{4}{5}},\ \frac{1}{\sqrt[4]{x}}=x^{-\frac{1}{4}},$$

などといろいろな関数が $f(x)=x^{\alpha}$ という形で表せる。

この時一般に次の公式が成立する。

公式 4-2 べき乗関数の微分公式

$f(x)=x^{\alpha}$ について　$f'(x)=\alpha x^{\alpha-1}$

（例）

$f(x)=\dfrac{1}{x^3}$ については $f'(x)=(x^{-3})'=-3x^{-4}=-\dfrac{3}{x^4}$

$f(x)=\sqrt[4]{x}$ については $f'(x)=(x^{\frac{1}{4}})'=\dfrac{1}{4}x^{-\frac{3}{4}}=\dfrac{1}{4\sqrt[4]{x^3}}$

（証明）

$f(x)$ を e を使って表そう。$e^{\log x}=x$ に注意すると

$f(x)=x^{\alpha}=(e^{\log x})^{\alpha}=e^{\alpha\log x}$

したがって、

$$\log f(x)=\alpha\log x$$

両辺を微分すると

$$\frac{1}{f(x)}\times f'(x)=\alpha\times\frac{1}{x}$$

よって

$$f'(x)=\alpha\times\frac{1}{x}\times f(x)=\alpha\times\frac{1}{x}\times x^{\alpha}=\alpha\times x^{\alpha-1}$$

部分積分の公式

$h(x)=f(x)g(x)$とすると、積の微分公式から、

$h'(x)=f'(x)g(x)+f(x)g'(x)$

したがって、微分して$f'(x)g(x)+f(x)g'(x)$となる関数(**原始関数**)は、

$f(x)g(x)$であるから、微積分学の基本定理より、

$$\int_a^b (f'(x)g(x)+f(x)g'(x))dx=f(b)g(b)-f(a)g(a)$$

和の積分公式を用いると、次の公式が得られる。

公式 4-3 | 部分積分の公式

$$\int_a^b f'(x)g(x)\,dx+\int_a^b f(x)g'(x)\,dx=f(b)g(b)-f(a)g(a)$$

(応用例) $\int_0^\pi x\sin x\,dx$を求める。

部分積分の公式で、$f(x)=x$, $g(x)=\cos x$, $a=0$, $b=\pi$とおこう。

$$\int_0^\pi (x)'\cos x\,dx+\int_0^\pi x(\cos x)'dx=\pi\cos\pi-0\times\cos 0 \text{ から}$$

$$\int_0^\pi \cos x\,dx-\int_0^\pi x\sin x\,dx=-\pi$$

したがって、

$$\int_0^\pi x\sin x\,dx=\int_0^\pi \cos x\,dx+\pi=\sin\pi-\sin 0+\pi=\pi$$

1. (1) $\tan x$ は、$\dfrac{\sin x}{\cos x}$ で定義される関数である。$\tan x$ の導関数を求めよ。

(2) $\displaystyle\int_0^{\frac{\pi}{4}} \frac{1}{\cos^2 x}\,dx$ を計算せよ。

2. $f(x) = xe^x$ を最小にする x を求めよ。

3. $\displaystyle\int_1^e 2x \log x\, dx$ を求めよ。

（ヒント：$f(x) = x^2$, $g(x) = \log x$ とおいて部分積分を使う）

第5章 テイラー展開って真似っこ関数のすぐれもの

1 真似っこ多項式

あさがけ新聞社
わー
すごいなぁ
僕は打ち合わせが
あるから
引間くんはロビーで
待ってて
こっちで
働きたいなぁ
…

フフーン

ちぇー…
私
邪魔ですかぁ？

応接室
はじめまして

関さんのお噂は
かねがね耳にいたして
おります

まずは
このデータを見て
いただきたいんです
失礼
いたします

あ
ありが…
カタ

ひ…!?
どうも
どーん

フキフキ
あら
ホコリが…
引間くん…何やってんだすごく怪しいぞ…

K企業です
実はあれから弊社宛に内部告発がありましてね
文書の出所も複数から確認が取れています

あなたの書いた記事と同じデータですよね
え　ええ…この出どころは？

………
私は身動きが取れません
ただ私が取材したデータでまだ出してないものをお貸ししましょう

それは心強い…

まあ野次馬精神は
買いましょう
どうしても
興味があって…
すいません

関さん…
すごく不安なんです
K企業は
あさがけ新聞社
にとって
大事なスポンサー
K企業の不正が
明るみになれば
当然うちから
撤退することに…

まさか
あんなことまでして
入ってくるとは
思いませんでした

は？
これは
テイラー展開ですね

考えて
みたんですが…

たとえば関数 $f(x)$ に対して
$p=f'(a)$, $q=f(a)$ とおくと
$x=a$ のすごく近くでは
$f(x)\sim q+p(x-a)$ と $f(x)$ を
１次関数で真似ることが
できましたね

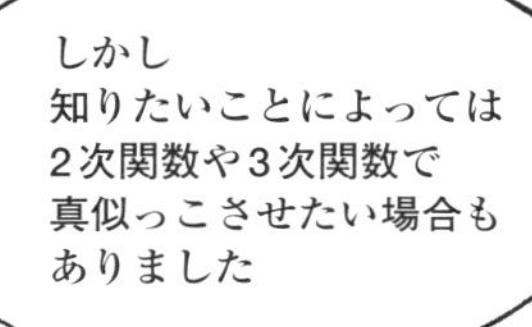

※注1　$(1+x)^n=1+{}_nC_1x+{}_nC_2x^2+{}_nC_3x^3+\cdots+{}_nC_nx^n$

これが二項展開の公式　ここで ${}_nC_r=\frac{n!}{r!(n-r)!}$ であり

$${}_nC_1=n,\ {}_nC_2=\frac{n(n-1)}{2}\quad {}_nC_3=\frac{n(n-1)(n-2)}{6},\cdots,\ {}_nC_r=\frac{n(n-1)\cdots\{n-(r-1)\}}{r!}$$

先頭部分だけ取り出して $(1+x)^n$ を 1次関数 $1+nx$ で真似っこできることになりますね
$(1+x)^n \underset{まね}{\sim} 1+nx$
…でも
実はこれではあまりにも大ざっぱすぎてよくありません

引間くんなら油断して借りすぎて借金地獄に落ちるはずです
え―――っ 何とかしてくださいー

そこで2次関数まで使って真似っこすると…

ちょ　ちょっと待ってください! うちの新聞社がなんでテイラー展開かという話でしたよね!?
慌てないでもう少しだけ付き合ってください

公式 5-1 ｜2次近似公式

$$(1+x)^n \underset{\text{まね}}{\sim} 1 + nx + \frac{n(n-1)}{2}x^2$$

この式をちょっと変形するとすごく面白い法則が得られるんです。

$nx = 0.7$ を満たす n と x の組について

$$(1+x)^n \sim 1 + nx + \frac{n(n-1)}{2}x^2 \sim 1 + nx + \frac{1}{2}(nx)^2 - \underbrace{\frac{1}{2}nx^2}$$

ゼロに近いので無視する

$$\sim 1 + 0.7 + \frac{1}{2} \times 0.7^2 = 1.945 \sim 2$$

つまり、$nx = 0.7$ なら $(1+x)^n$ はおおよそ2となる。これを法則として仕立てると、

［借金苦の法則］
（借りる年数）×（利子率）＝ 0.7 の時、返済額はおおよそ2倍

2％で35年借りるとだいたい**2**倍
10％で7年借りるとだいたい**2**倍
35％で2年借りるとだいたい**2**倍

x^n の n が２以上のものを高次と言います。

このように２次関数で真似ると、けっこう面白いことが分かったりします。ここで、もっと高次の多項式で真似ることも考えてみましょう。実は「無限次」の多項式を作ると、「真似」ではなくて、「そっくり」のものを作れることが知られているんです。

例えば $f(x)=\dfrac{1}{1-x}$ とおくと、

$$\left(f(x)=\right)\ \frac{1}{1-x}=1+x+x^2+x^3+x^4\cdots\cdots$$（無限の先まで続く）—— ①

～でなく「＝」であることに注目！

これ
ウソですよね、
「＝」だなんて！

そう言うと思った。
じゃあ
具体的に計算
してみようか。

$x=0.1$ とおこう。

すると $f(0.1)=\dfrac{1}{1-0.1}=\dfrac{1}{0.9}=\dfrac{10}{9}$

右辺の方は、$1+0.1+0.1^2+0.1^3+0.1^4+\cdots\cdots\cdots$

$=1+0.1+0.01+0.001+0.0001+\cdots\cdots\cdots$

$=1.1111111\cdots\cdots\cdots$

となります。

ところで、$\dfrac{10}{9}$ を実際に割り算してみると ⟶

```
     1.111………
9 ) 10
     9
     10
      9
      10
       9
       10
        9
        ⋮
```

ちゃんと一緒になっています。

一般の関数（ただし、何回でも微分できるもの）$f(x)$が、

$$f(x) = a_0 + a_1x + a_2x^2 + a_3x^3 + \cdots\cdots + a_nx^n\cdots\cdots$$

と表せる時、右辺を$f(x)$の（$x = 0$のところでの）「**テイラー展開**」と呼びます。

これは、$x = 0$を含むある制限された区間で、$f(x)$が無限次の多項式と完全に一致していることを意味しているんです。ただし、その制限区間から出ると右辺が「一つの数」に定まらず意味を持たなくなる、ということが起こるので、注意しなくちゃならない。

たとえば、さっきの①の式の両辺に、$x = 2$を代入すると、

$$左辺 = \frac{1}{1-2} = -1$$

$$右辺 = 1 + 2 + 4 + 8 + 16 + \cdots\cdots\cdots\cdots \to$$

ほら、一つの数に定まらないだろう？

（ちなみに①は、$-1 < x < 1$なるすべてのxについて正しい式になる。これがこのテイラー展開の制限区間である。専門的には、この$-1 < x < 1$を収束円と呼ぶ。）

2 テイラー展開の求め方

$$f(x) = a_0 + a_1 x + a_2 x^2 + a_3 x^3 + \cdots\cdots + a_n x^n + \cdots\cdots \qquad \text{——②}$$

となったとして、係数a_nがどうなるかを求めてみよう。

まず$x = 0$を代入し、$f(0) = a_0$から、0次の定数項a_0が$f(0)$である　——(A)

ということが分かります。

次に②を微分しよう。

$$f'(x) = a_1 + 2a_2 x + 3a_3 x^2 + \cdots\cdots + na_n x^{n-1} + \cdots\cdots \qquad \text{——③}$$

③で$x = 0$を代入すると、$f'(0) = a_1$から1次の係数a_1が$f'(0)$

であることが分かります。　——(B)

さらに③をまた微分しよう。

$$f''(x) = 2a_2 + 6a_3 x + \cdots\cdots + n(n-1)a_n x^{n-2} + \cdots\cdots \qquad \text{——④}$$

$x = 0$を代入すると、2次の係数a_2が$\dfrac{1}{2}f''(0)$であることが分かります。　——(C)

④を微分して、

$$f'''(x) = 6a_3 + \cdots\cdots + n(n-1)(n-2)a_n x^{n-3} + \cdots\cdots$$

より、3次の係数a_3が$\dfrac{1}{6}f'''(0)$であることが分かります。　——(D)

この作業を継続してn回微分すると、

$$f^{(n)}(x) = n(n-1)\cdots\cdots \times 2 \times 1a_n + \cdots\cdots$$

ここで$f^{(n)}(x)$は、$f(x)$をn回微分したものです。

となるはずなので、

n次の係数　$a_n = \dfrac{1}{n!}f^{(n)}(0)$であることが分かります

$n!$は、「nの階乗（かいじょう）」と読み、$n \times (n-1) \times (n-2) \times \cdots\cdots \times 2 \times 1$のことを示します。

つまり（テイラー展開の）
左辺$f(x)$がスポンサー
右辺の
ずーっと後ろの方が
我が社ってことですよ

ずーっと
後ろ?

$$f(x) = \text{大手K新聞} + \text{大手M新聞} + \text{あさがけ新聞}$$

仕事も
終わったんだし
パーっと一杯
やりませんか？

ほら
仕事の後に
手柄話とかしながら
みんなで飲んだり
とか…
ああ…

じゃあ
行こうか
やった！

大衆居酒屋
フロントページ
24
時間

ワイワイ
いいでしょ
この雰囲気
ガヤ
は　はい…
この人たち
みんな業界人?
ガヤ

あっちは
日本デザイナー界の重鎮
中田先生
向こうにいるのは
A新聞の奴らですね
ほら　あいつが
日本フォトグラフィック大賞
を最年少で取った
カメラマンの石塚で…

さてさて
滅多に聞けない
業界人の熱い議論が
聞けそう
すごい
ニックネーム
的確だけど…
おう　ビブン
久々だなぁ
こっち来いよ
どうも
ビブン
さん!?

おっさん話じゃん
…
ダメだこりゃ
僕も
そろそろ
人間ドック
考えようか
なぁ…
××も
高血圧で
医者に…
○○さんが
糖尿病になって
なぁ

公式 5-2 | テイラー展開の公式

$f(x)$ が、テイラー展開を持つなら、それは

$$f(x) = f(0) + \frac{1}{1!}f'(0)\ x + \frac{1}{2!}f''(0)x^2 + \frac{1}{3!}f'''(0)\ x^3 + \cdots + \frac{1}{n!}f^{(n)}(0)\ x^n + \cdots$$

上記について

$f(0)$	←0次の定数項	$a_0 = f(0)$	――(A)
$f'(0)\ x$	←1次の項	$a_1 = f'(0)$	――(B)
$\frac{1}{2!}f''(0)\ x^2$	←2次の項	$a_2 = \frac{1}{2}f''(0)$	――(C)
$\frac{1}{3!}f'''(0)\ x^3$	←3次の項	$a_3 = \frac{1}{6}f'''(0)$	――(D)

「テイラー展開」を持つ条件とか、収束円については、はしょることにしよう！

この公式を使って、151ページの①を確認してみる。

$$f(x) = \frac{1}{1-x},\ f'(x) = \frac{1}{(1-x)^2},\ f''(x) = \frac{2}{(1-x)^3},\ f'''(x) = \frac{6}{(1-x)^4} \cdots$$

$$f(0) = 1、f'(0) = 1、f''(0) = 2、f'''(0) = 6、\cdots\cdots f^{(n)}(0) = n!\cdots\cdots$$

だから、

$$f(x) = f(0) + \frac{1}{1!}f'(0)x + \frac{1}{2!}f''(0)x^2 + \frac{1}{3!}f'''(0)x^3 + \cdots\cdots \frac{1}{n!}f^{(n)}(0)x^n + \cdots\cdots$$

$$= 1 + x + \frac{1}{2!} \times 2x^2 + \frac{1}{3!} \times 6x^3 + \cdots\cdots + \frac{1}{n!}n!x^n + \cdots\cdots$$

$$= 1 + x + x^2 + x^3 + \cdots\cdots + x^n + \cdots\cdots$$

いまの公式は、「$x = 0$ の近くで一致する無限次多項式」のものだけど、一般に $x = a$ の近くで一致する多項式の公式は、こうなりますよ、176ページの練習問題で確かめておくように！

$$f(x) = f(a) + \frac{1}{1!}f'(a)(x-a) + \frac{1}{2!}f''(a)(x-a)^2$$

$$+ \frac{1}{3!}f'''(a)(x-a)^3 + \cdots\cdots + \frac{1}{n!}f^{(n)}(a)(x-a)^{(n)} + \cdots\cdots$$

まさに、テイラー展開は真似っこ関数のすぐれものと言えます

3 いろんな関数のテイラー展開

1 平方根のテイラー展開

$f(x) = \sqrt{1+x} = (1+x)^{\frac{1}{2}}$ とおく。

$f'(x) = \frac{1}{2}(1+x)^{-\frac{1}{2}}$

$f''(x) = -\frac{1}{2} \times \frac{1}{2}(1+x)^{-\frac{3}{2}}$

$f'''(x) = \frac{1}{2} \times \frac{1}{2} \times \frac{3}{2}(1+x)^{-\frac{5}{2}} \cdots\cdots$

したがって、

$f'(0) = \frac{1}{2}$、$f''(0) = -\frac{1}{4}$、$f'''(0) = \frac{3}{8}$、……から

$$f(x) = \sqrt{1+x}$$

$$= 1 + \frac{1}{2}x + \frac{1}{2!} \times \left(-\frac{1}{4}\right)x^2 + \frac{1}{3!}\frac{3}{8}x^3 + \cdots\cdots$$

$$\sqrt{1+x} = 1 + \frac{1}{2}x - \frac{1}{8}x^2 + \frac{1}{16}x^3 \cdots\cdots$$

2 指数関数 e^x のテイラー展開

$f(x) = e^x$ とおくと、

$f'(x) = e^x$、$f''(x) = e^x$、$f'''(x) = e^x$、……

したがって

$1 = f(0) = f'(0) = f''(0) = f'''(0) = \cdots\cdots$ から

$$e^x = 1 + \frac{1}{1!}x + \frac{1}{2!}x^2 + \frac{1}{3!}x^3 + \frac{1}{4!}x^4 + \cdots\cdots + \frac{1}{n!}x^n + \cdots\cdots$$

$x = 1$ を代入すると、

$$e = 1 + \frac{1}{1!} + \frac{1}{2!} + \frac{1}{3!} + \frac{1}{4!} + \cdots\cdots + \frac{1}{n!} + \cdots\cdots$$

第4章では
e はおおよそ 2.7 ぐらいとしか
教えなかったが
ここで完全な計算式が与えられたね

3 対数関数 $\log(1+x)$ のテイラー展開

$f(x) = \log(1+x)$ とおく。

$f'(x) = \frac{1}{1+x} = (1+x)^{-1}$

$f''(x) = -(1+x)^{-2}$、$f'''(x) = 2(1+x)^{-3}$、

$f''''(x) = -6(1+x)^{-4}$、……より

$f(0) = 0$、$f'(0) = 1$、$f''(0) = -1$、$f'''(0) = 2!$、

$f''''(0) = -3! \cdots\cdots$

したがって、

$$\log(1+x) = 0 + x - \frac{1}{2}x^2 + \frac{1}{3!} \times 2! \times x^3 - \frac{1}{4!}3! \times x^4 \cdots\cdots$$

$$\log(1+x) = x - \frac{1}{2}x^2 + \frac{1}{3}x^3 - \frac{1}{4}x^4 + \cdots\cdots + (-1)^{n+1}\frac{1}{n}x^n + \cdots\cdots$$

4 三角関数のテイラー展開

$f(x) = \cos x$ とおく。

$f'(x) = -\sin x$、$f''(x) = -\cos x$、$f'''(x) = \sin x$、

$f''''(x) = \cos x$、……

より、$f(0) = 1$、$f'(0) = 0$、$f''(0) = -1$、

$f'''(0) = 0$、$f''''(0) = 1$、……

したがって、

$$\cos x = 1 + 0x - \frac{1}{2!} \times 1 \times x^2 + \frac{1}{3!} \times 0 \times x^3 + \frac{1}{4!} \times 1 \times x^4 + \cdots\cdots$$

$$\cos x = 1 - \frac{1}{2!} \times x^2 + \frac{1}{4!}x^4 \cdots\cdots (-1)^n \frac{1}{(2n)!}x^{2n} + \cdots\cdots$$

同様にして

$$\sin x = x - \frac{1}{3!} \times x^3 + \frac{1}{5!}x^5 \cdots\cdots + (-1)^{n-1}\frac{1}{(2n-1)!}x^{2n-1} + \cdots\cdots$$

4 テイラー展開から何が分かるか

テイラー展開は、複雑な関数を多項式に置き換えるものです。
たとえば $\log(1+x)$ のグラフって、描けるかい？

結局、複雑な関数の世界を解明するには、「近似」＝「真似っこ」
することが必要ということですね。

さっきの例、$\log(1+x) = x - \frac{1}{2}x^2 + \frac{1}{3}x^3 - \frac{1}{4}x^4 + \cdots$
を使って、テイラー展開から何が得られるかを見てみましょう。

$$\log(1+x) = 0 + x - \frac{1}{2}x^2 + \frac{1}{3}x^3 - \frac{1}{4}x^4 + \cdots$$

0次近似：0
1次近似：$0 + x$
2次近似：$0 + x - \frac{1}{2}x^2$
3次近似：$0 + x - \frac{1}{2}x^2 + \frac{1}{3}x^3$

まず0次近似、$x = 0$ のそばで $\log(1+x) \sim 0$、
これは何を表していますか？

えーと、えーと…つまり $x = 0$ での、$f(x)$ の値が0であることを
意味して、点 $(0,\ 0)$ の通過を表しています。

そのとおり。次に1次近似、$x = 0$ の
近くでは、$y = f(x)$ がおおよそ
$y = x$ と似ているのが分かりますね？
だから、これは $x = 0$ のところで
増加状態にあることを意味しています。
（※接線の方程式：1次近似）

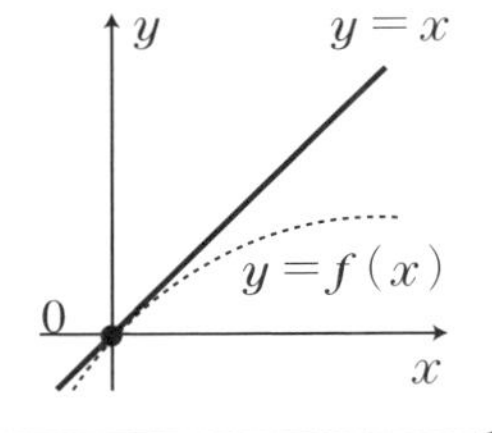

もう一歩進んで２次近似、

$x=0$ のそばで、

$$\log(1+x) \sim x-\frac{1}{2}x^2$$

のグラフを考えてみましょう。

引間くん、この意味は？

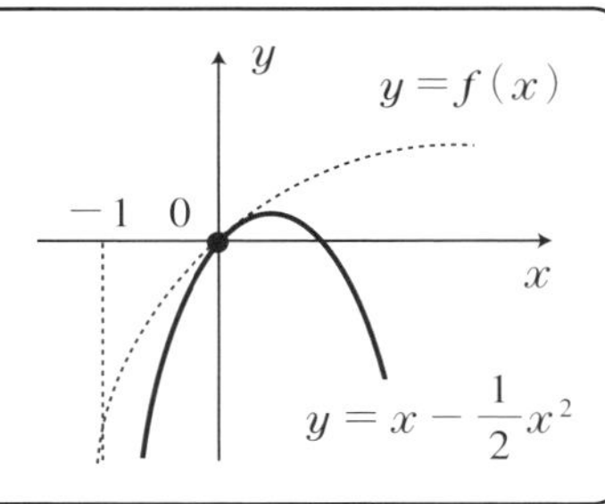

これは $x=0$ の近くでは、$y=f(x)$ がおおよそ

$y=x-\frac{1}{2}x^2$ と似ていて、だから、$x=0$ のところで

グラフが上に凸であることを意味しています。

（2次近似：$x=a$ での凸凹が判定できる。）

ダメ押しの３次近似 !!

$x=0$ のそばで、

$$\log(1+x) \sim x-\frac{1}{2}x^2+\frac{1}{3}x^3$$

（3次近似：2次近似の誤差がより修正される。）

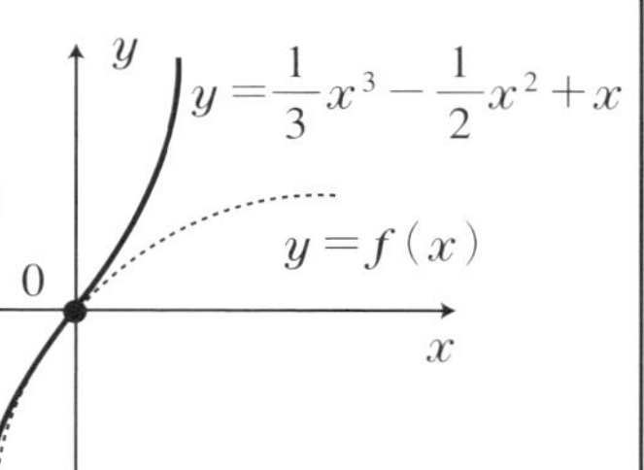

さあ、関さん
2軒目行ってみましょう！
！

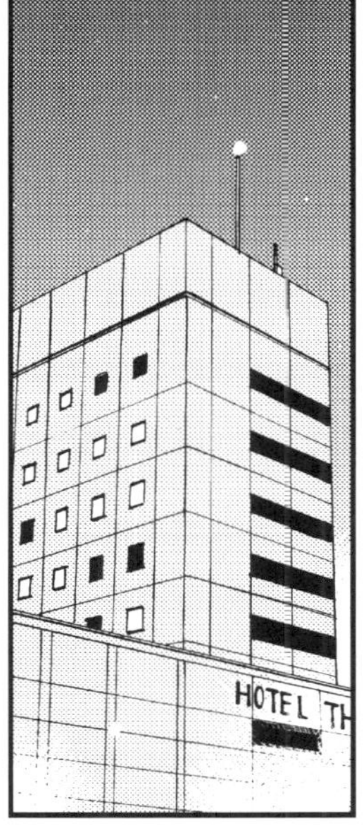
HOTEL TH

いやぁ　やっぱ
ホテルのバーの方が
ゆっくり話せますね
キュ
キュ
ニャハハ
パータ
パータ
最初から
ここにすれば
よかったかな

それにしても
さっきの店で
もっとみんなと話せば
よかったのに…

…なんだか
皆さん華やかそうで…
ひけめを感じるっていうか

あたしより
関さんは
どうなんですか?

さっき会った
人たち…
いろんな賞をとった
有名な人ばかり
だったけど
みんな関さんに
一目置いてること
いっぺんで
分かりました

関さんは
あんな田舎の支局に
埋もれていて…
いいんですか?

もう
アルコールは
入れなくて
いいから
関さんは
公正な記事を
書いていた
だけなのに…

確率論で何者かになれるなんて
考えているようじゃ
何者にだってなれませんよ
私があの酒場の
人たちと肩を
並べられる一流の
ジャーナリストに
なれる確率は
どのくらい
あるのかな…

やりたいことを
必死でやり続けているだけです
運命に身を任せている暇なんて
間違ってもない連中ばかり
ですよ

さっきの連中だって
バカ話してたけど
本業じゃ
みんな死に物狂いですよ

しゅん…

もちろんですよ
僕は教育係で
あなたは社の大事な
資産ですから

で～！
まさか
今から
勉強を？
そうだ
確率と
言えば！

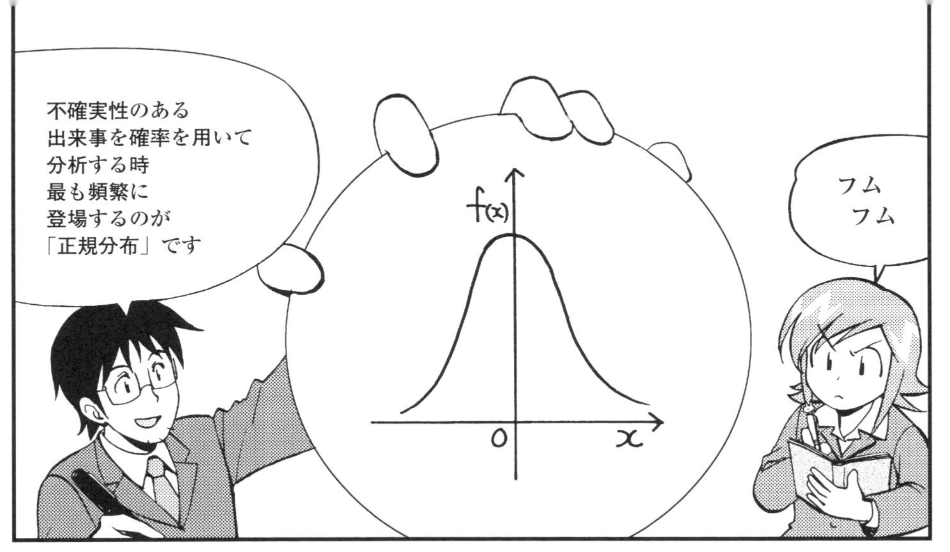
不確実性のある
出来事を確率を用いて
分析する時
最も頻繁に
登場するのが
「正規分布」です
$f(x)$
0
x
フム
フム

確率密度関数を
平行移動すると
関数 $f(x)=e^{-\frac{1}{2}x^2}$
と比例している
ようなものを言うんです
$f(x)$のグラフは
この図のようにy軸対称で
「つりがね」や「かぶと」
に似た形になっています
カリ
カリ
カリ
カリ
すいません
この人いっぱい
書きますから
コースター
もっとください
ドサッ

多くの不確実現象の
データ分布に
この形が見られます
例えば人間や動物の
身長が典型的に
この分布になります
測定誤差も
この分布
カーン
87
金融業界では
株投資の収益率も
正規分布だと
信じられています
あ　あと
テストの成績の分布が
こうなるという理由で
通信簿の5段階評価が
正規分布から
割り振られてましたっけ

ここでは
引間くんが
理解しやすいように
コイン投げが
正規分布になることを
テイラー展開を
使って示します
ピン
コインを投げて
表が出る確率は?
バカにしないで
ください
$\frac{1}{2}$ですよ
そう
どちらが出るかは
不確実
だけど$\frac{1}{2}$の確率で
必ずどちらかが出ます

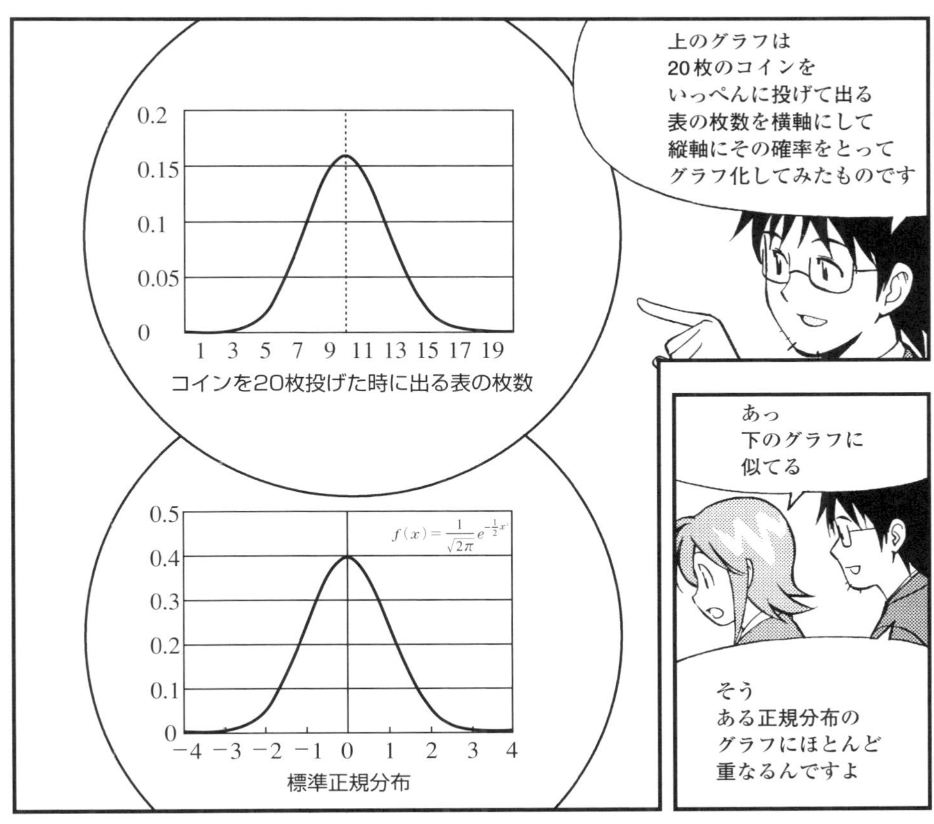
上のグラフは
20枚のコインを
いっぺんに投げて出る
表の枚数を横軸にして
縦軸にその確率をとって
グラフ化してみたものです
0.2
0.15
0.1
0.05
0
1 3 5 7 9 11 13 15 17 19
コインを20枚投げた時に出る表の枚数
0.5
0.4
0.3
0.2
0.1
0
−4 −3 −2 −1 0 1 2 3 4
$f(x)=\frac{1}{\sqrt{2\pi}}e^{-\frac{1}{2}x^2}$
標準正規分布
あっ
下のグラフに
似てる
そう
ある正規分布の
グラフにほとんど
重なるんですよ

※注2

n 枚のコインを投げて、x 枚表が出る確率を網羅したものを**二項分布**と言う。

たとえば、5枚のコインを投げて3枚表になる確率を求めてみよう。表表裏表裏の確率は、

$$\frac{1}{2}\times\frac{1}{2}\times\frac{1}{2}\times\frac{1}{2}\times\frac{1}{2}=\left(\frac{1}{2}\right)^5 \text{で、}$$

その他、このようなケースが${}_5C_3$通りあるので、${}_5C_3\left(\frac{1}{2}\right)^5$、一般には${}_nC_x\left(\frac{1}{2}\right)^n$となる。

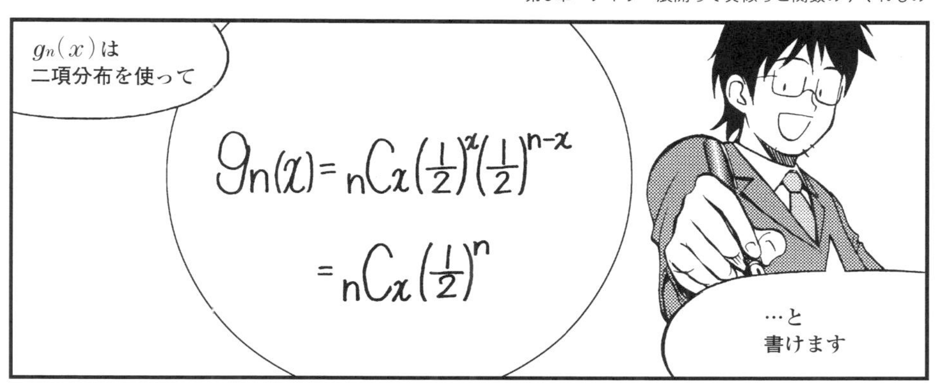
$g_n(x)$は
二項分布を使って
$$g_n(x) = {}_nC_x\left(\frac{1}{2}\right)^x\left(\frac{1}{2}\right)^{n-x} = {}_nC_x\left(\frac{1}{2}\right)^n$$
…と
書けます

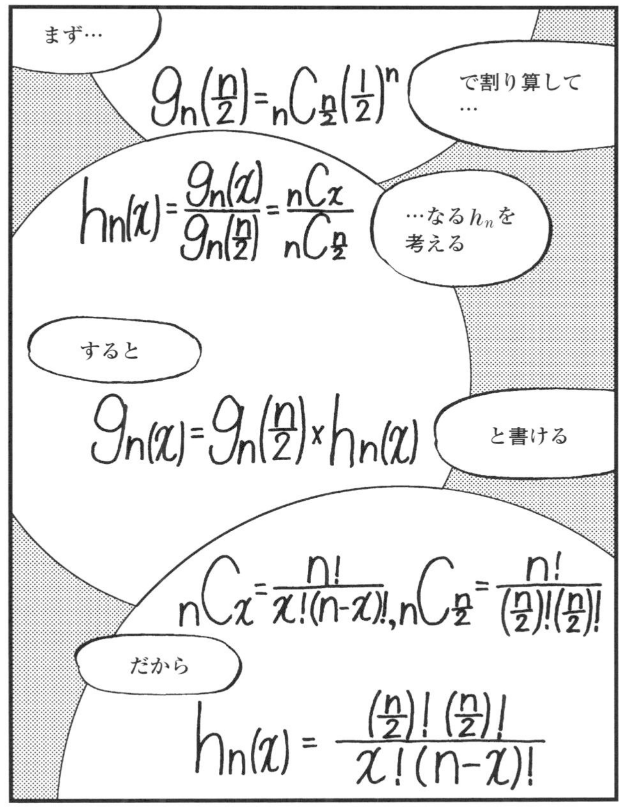
まず…
$$g_n\left(\frac{n}{2}\right) = {}_nC_{\frac{n}{2}}\left(\frac{1}{2}\right)^n$$
で割り算して
…
$$h_n(x) = \frac{g_n(x)}{g_n\left(\frac{n}{2}\right)} = \frac{{}_nC_x}{{}_nC_{\frac{n}{2}}}$$
…なるh_nを
考える
すると
$$g_n(x) = g_n\left(\frac{n}{2}\right) \times h_n(x)$$
と書ける
$${}_nC_x = \frac{n!}{x!(n-x)!},\ {}_nC_{\frac{n}{2}} = \frac{n!}{\left(\frac{n}{2}\right)!\left(\frac{n}{2}\right)!}$$
だから
$$h_n(x) = \frac{\left(\frac{n}{2}\right)!\left(\frac{n}{2}\right)!}{x!(n-x)!}$$

$f(x)$のグラフは
$x=0$を中心に左右対称
$g_n(x)$のグラフは
$x=\frac{n}{2}$を中心に左右対称
ですから――
サラ
サラ
ああ…コースター
が…
サラ
$g_n\left(\frac{n}{2}\right)$を基準に
見直すことに
しましょう

………
こ、こんなに…

キッ

えー次に
xが中心$\frac{n}{2}$から
離れている分を
$\frac{\sqrt{n}}{2}$を単位に
単位変換しておく
し…しかと…

$\frac{\sqrt{n}}{2}$は標準偏差
統計を知らない人は
単なるおまじないだと
思っておこう！
ムニャムニャ
おまじない〜

つまり

$$x = \frac{n}{2} + \frac{\sqrt{n}}{2} \times 1 \longrightarrow z = 1$$

$$x = \frac{n}{2} + \frac{\sqrt{n}}{2} \times 2 \longrightarrow z = 2$$

$$x = \frac{n}{2} + \frac{\sqrt{n}}{2} \times 3 \longrightarrow z = 3$$

…などと
なるように
変数を
変換します

$\frac{n}{2} + \frac{\sqrt{n}}{2} z = x$
となるように
zを設定してh_nに
代入すると

$$h_n(x) = \frac{\left(\frac{n}{2}\right)!\ \left(\frac{n}{2}\right)!}{\left(\frac{n}{2} + \frac{\sqrt{n}}{2} z\right)!\ \left(\frac{n}{2} - \frac{\sqrt{n}}{2} z\right)!}$$

$\left(n - \left(\frac{n}{2} + \frac{\sqrt{n}}{2} z\right)\right)$ より

両辺のlogをとる
※注3

$$\log h_n(x)$$
$$= \log\left(\frac{n}{2}\right)! + \log\left(\frac{n}{2}\right)! - \log\left(\frac{n}{2} + \frac{\sqrt{n}}{2} z\right)! - \log\left(\frac{n}{2} - \frac{\sqrt{n}}{2} z\right)!$$

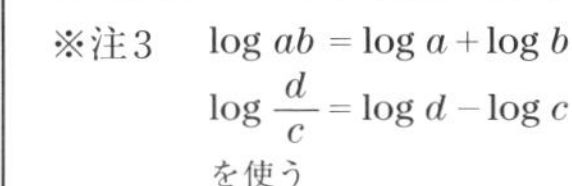

※注3　$\log ab = \log a + \log b$
$\log \frac{d}{c} = \log d - \log c$
を使う

これを計算する
わけですが
場所を
変えましょうか

$\log$（$m!$）の近似式を作る。

$$\log m! = \log 1 + \log 2 + \log 3 + \cdots\cdots + \log m$$

右図のように、長方形を $\log x$ の
グラフに埋め込んでいくと

$$\log 2 + \cdots\cdots + \log m \underset{\text{近い}}{\sim} \int_1^m \log x dx$$

$$(x \log x - x)' = \log x + x \times \frac{1}{x} - 1 = \log x$$

だから、

$$\int_1^m \log x dx = (m \log m - m) - (1 \log 1 - 1)$$

$$= m \log m - m + 1$$

$$= m(\log m - 1) + 1$$

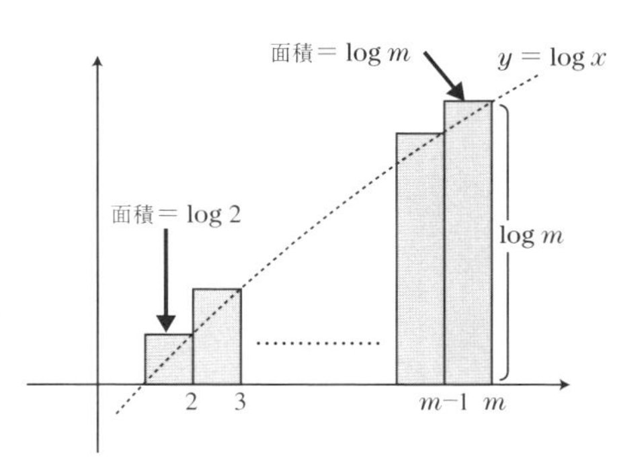

したがって、大ざっぱに $\log m! \underset{\text{まね}}{\sim} m \log m$ と見なしてよい。

＊本当は $\log m! \sim m(\log m - 1)$ の方が正確だが、この計算には上で十分。

$$\log h_n(x) \underset{まね}{\sim} \frac{n}{2}\log\frac{n}{2} + \frac{n}{2}\log\frac{n}{2} - \left(\frac{n}{2}+\frac{\sqrt{n}}{2}z\right)\log\left(\frac{n}{2}+\frac{\sqrt{n}}{2}z\right) - \left(\frac{n}{2}-\frac{\sqrt{n}}{2}z\right)\log\left(\frac{n}{2}-\frac{\sqrt{n}}{2}z\right)$$

これを整理すると

$$\log h_n(x) \underset{まね}{\sim} -\left[\left(\frac{n}{2}+\frac{\sqrt{n}}{2}z\right)\log\left(1+\frac{\sqrt{n}}{n}z\right) + \left(\frac{n}{2}-\frac{\sqrt{n}}{2}z\right)\log\left(1-\frac{\sqrt{n}}{n}z\right)\right]$$

$\left(\log\left(\frac{n}{2}+\frac{\sqrt{n}}{2}z\right) = \log\left\{\frac{n}{2}\left(1+\frac{\sqrt{n}}{n}z\right)\right\} = \log\frac{n}{2} + \log\left(1+\frac{\sqrt{n}}{n}z\right)\right.$ などと変形した）

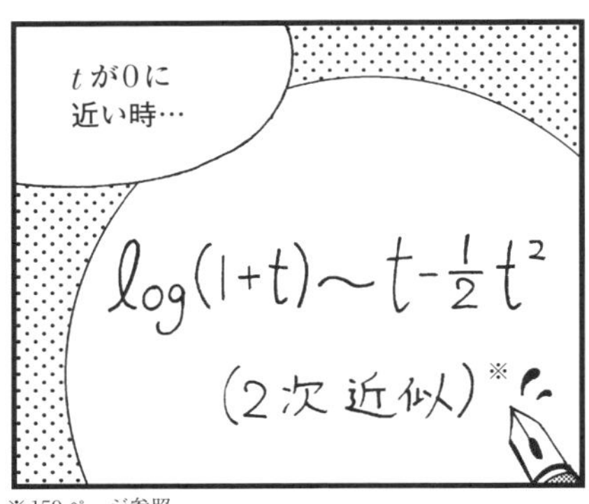
tが0に
近い時…
$\log(1+t) \sim t - \frac{1}{2}t^2$
(2次近似)※

ところで
nが十分大きいと
$\frac{\sqrt{n}}{n} = \frac{1}{\sqrt{n}}$ はすごくゼロに
近くなります
zを固定しておけば
$\frac{\sqrt{n}}{n}z$も　いくらでも
ゼロに近くなります

※159ページ参照

よって
$\log\left(1+\frac{\sqrt{n}}{n}z\right) \sim \frac{\sqrt{n}}{n}z - \frac{1}{2}\frac{1}{n}z^2$
$\log\left(1-\frac{\sqrt{n}}{n}z\right) \sim -\frac{\sqrt{n}}{n}z - \frac{1}{2}\frac{1}{n}z^2$
これを
ぶち込むと
$\log hn(x) \sim -\left[\left(\frac{n}{2}+\frac{\sqrt{n}}{2}z\right)\left(\frac{\sqrt{n}}{n}z-\frac{1}{2}\frac{1}{n}z^2\right)+\left(\frac{n}{2}-\frac{\sqrt{n}}{2}z\right)\left(-\frac{\sqrt{n}}{n}z-\frac{1}{2}\frac{1}{n}z^2\right)\right]$
$= -\left[z^2 - \frac{1}{2}z^2\right] = -\frac{1}{2}z^2$

$\log\ h_n(x) \sim -\frac{1}{2}z^2$
が分かったので
$h_n(x) \sim - e^{-\frac{1}{2}z^2}$
となって
めでたし　めでたし

logのテイラー展開で出てくるx^3以上の高次の項も
$h_n(x)$（n：十分大）の形に影響を与えるんじゃないかと
心配だったら
$\log(1+t) \sim t - \frac{1}{2}t^2 + \frac{1}{3}t^3$ として
具体的に計算してみよう　z^4の係数の分母にnが残って　$n \to \infty$と
すると　0に収束して消えてしまうことが確認できるはず

正規分布ですけど…
身長とか　コイン投げの
ほかにも
応用できませんかねぇ

それは
論外です！
いいですか？
世の中に起こることを
非常に大ざっぱに
「無数のコイン投げの結果を
重ね合わせたようなものだ」と
妄想してみると…

また恋愛に
応用できないか
考えてますね？
ダメです　作為のない
ランダムに事象が起こる
世界でないと…
じゃあ
作為なき
純粋な恋愛
だったら？

……

ホント
ですか？
コイン投げの分布が
近似的に正規分布に
なると今分かりましたから
恋愛にも
正規分布が現れるのは
そんなに不思議では
ないでしょう…

それでもそれは
作為の入り込めない
不確実現象に
限られます
融通利かなくて
悪いんだけど…
いや

どうして
分かって
くれないんですか
君は
でもですねー　関さん
本当に純粋な子が
いたとしてですねぇー…

1. $f(x)=e^{-x}$ の $x=0$ におけるテイラー展開を求めよ。

2. $f(x)=\dfrac{1}{\cos x}$ の $x=0$ における近似2次関数を求めよ。

3. マンガの中に出てきた $f(x)$ の $x=a$ の時のテイラー展開の公式を自分で導いてみよ。すなわち、

$$f(x)=a_0+a_1(x-a)+a_2(x-a)^2+\cdots\cdots+a_n(x-a)^n+\cdots$$

の時の a_n を求めよ。

複数の原因から
1個だけ取り出すのが偏微分

1 多変数関数って何だ

原因と結果…かあ
懐かしいですね
最初はそんなことから
教えてたんですよね
確かに
今まで関数と言うと
「一つの原因 一つの結果」
というタイプばかり
扱ってきました
だって…
「何らかの原因が
あるから
そういう結果に
なるんだ」…って
記者修行を毎日
してきたんですよ!
夢でうなされるほど!

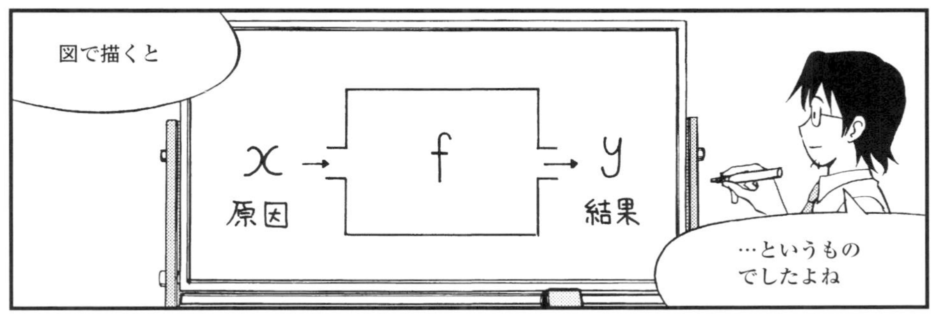
図で描くと
x
原因
f
y
結果
…というもの
でしたよね

はぁ
しかし
世の中はそんなに
単純なものでも
ないのだと
今回の異動で
考えさせられました
ズズ…

たぶん今回
複数の原因が混合されて
本社異動という結果が
生み出されたんでしょうね

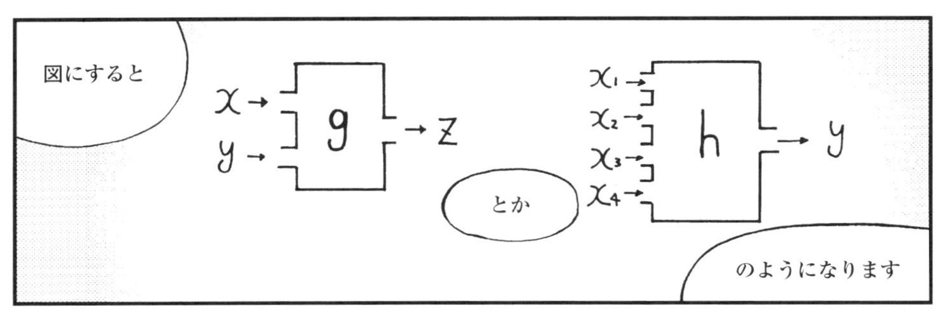
図にすると
x
y
g
z
とか
x_1
x_2
x_3
x_4
h
y
のようになります

つまり関さんの場合 x がいい文章で y が表現力 そんでもって →本社への異動 ってことですか
いやぁ まだ よく分からんので

引間くんだと x_1 が先月のドジ x_2 が今月のドジ そんでもって →リストラ ってトコかな
キッ

あぁ〜
ギュ〜ッ
こらこら 引間くん そういうわけだから 時間がないんです
さっさと基本を 身に付けて しまいましょう

例 1　地表から物体を速度vで投げ上げた時の、t秒後の物体の高さを$h(v, t)$とする。

$$h(v, t)=vt-4.9t^2 \text{〔m〕}$$

となります。

例 2　水xgに砂糖ygを溶かしてできる砂糖水の濃度を$f(x, y)$とする。この時、

$$f(x, y)=\frac{y}{x+y}\times 100 \text{〔\%〕}$$

例 3　ある国に存在する設備・機械（資本と言う）の量をKとして、労働力の量をLとした時、生産できる商品の総量（GDP；国内総生産）を$Y(L, K)$としましょう。

経済学では、近似的な関数として、$Y(L, K)=\beta L^{\alpha}K^{1-\alpha}$（$\alpha$、$\beta$は定数）を用います（コブ=ダグラス型関数と言います）。

201～203ページ参照

例 4　物理学において、理想気体の圧力P、体積をVとする時、温度TはP、Vの関数として、$T(P, V)$と書けることが知られています。そして、

$$T(P, V)=\gamma PV\ (\gamma：定数)$$

となります。これは、「理想気体の状態方程式」と呼ばれるものです。

2 やっぱり2変数1次関数が超基本なのだ

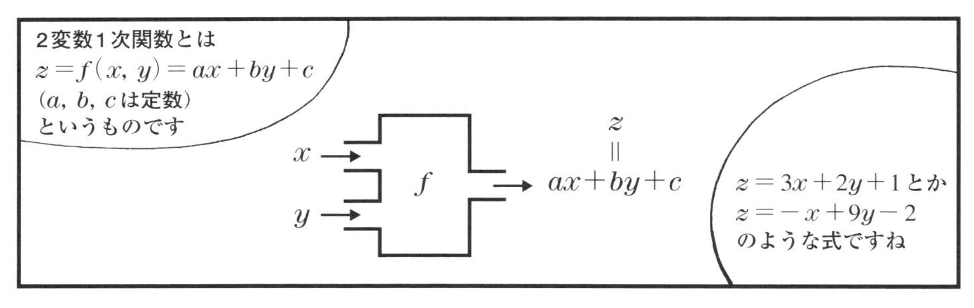

2変数1次関数とは
$z=f(x,y)=ax+by+c$
(a, b, cは定数)
というものです
x
y
f
z
=
$ax+by+c$
$z=3x+2y+1$とか
$z=-x+9y-2$
のような式ですね

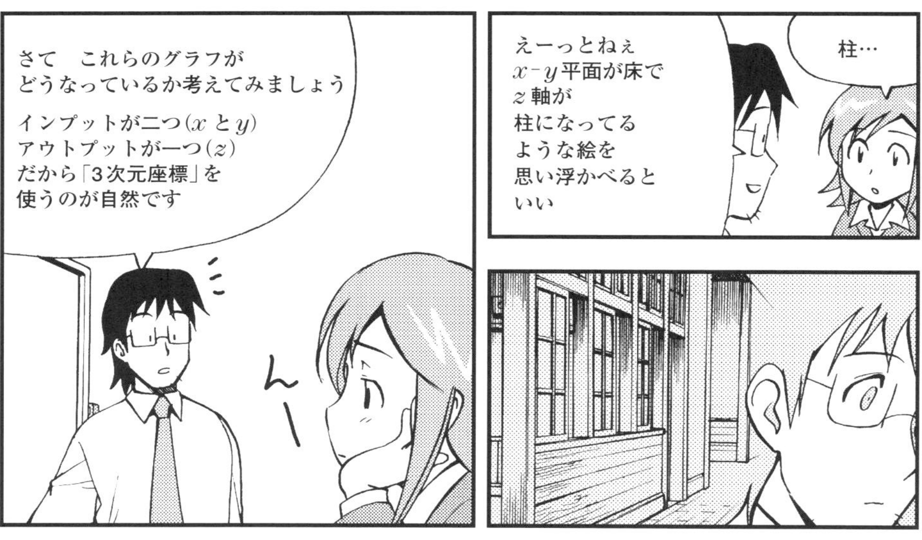

柱…
えーっとねぇ
x-y平面が床で
z軸が
柱になってる
ような絵を
思い浮かべると
いい
さて　これらのグラフが
どうなっているか考えてみましょう
インプットが二つ(xとy)
アウトプットが一つ(z)
だから「3次元座標」を
使うのが自然です
んー

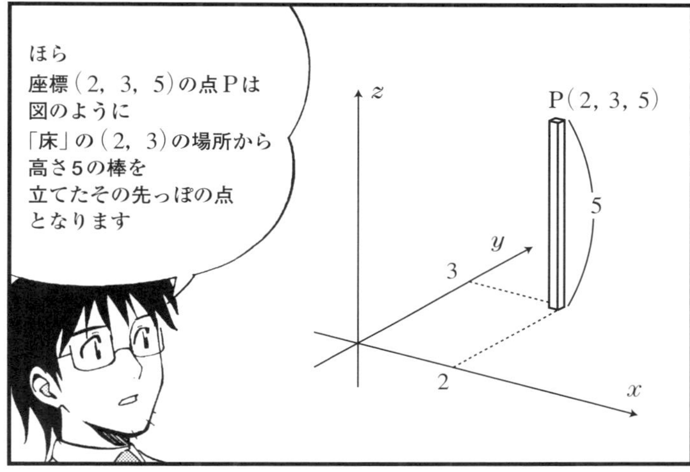

ほら
座標(2, 3, 5)の点Pは
図のように
「床」の(2, 3)の場所から
高さ5の棒を
立てたその先っぽの点
となります
z
P(2, 3, 5)
5
y
3
2
x

どうか
しました?
ん?
いや、別に
続けよう

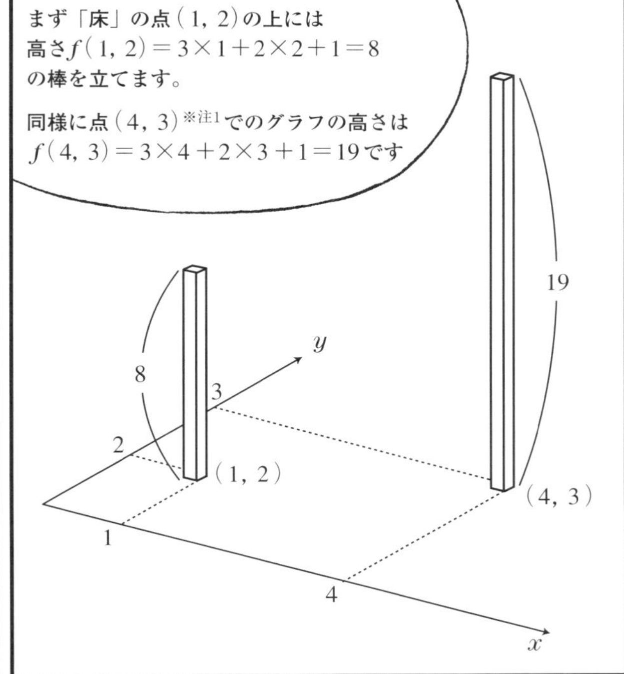

まず「床」の点(1, 2)の上には
高さ$f(1, 2) = 3 \times 1 + 2 \times 2 + 1 = 8$
の棒を立てます。
同様に点(4, 3)※注1でのグラフの高さは
$f(4, 3) = 3 \times 4 + 2 \times 3 + 1 = 19$です
19
y
8
3
2
(1, 2)
(4, 3)
1
4
x

さて　3次元座標系で
2変数1次関数
$z = f(x, y)$
$= ax + by + c$
のグラフを描くと
どうなると思いますか?
例として
$z = f(x, y)$
$= 3x + 2y + 1$の
グラフを
描いてみましょう

※注1　本当は（4, 3, 0）と書くべきところを分かりやすさを優先して（4, 3）と書いています。

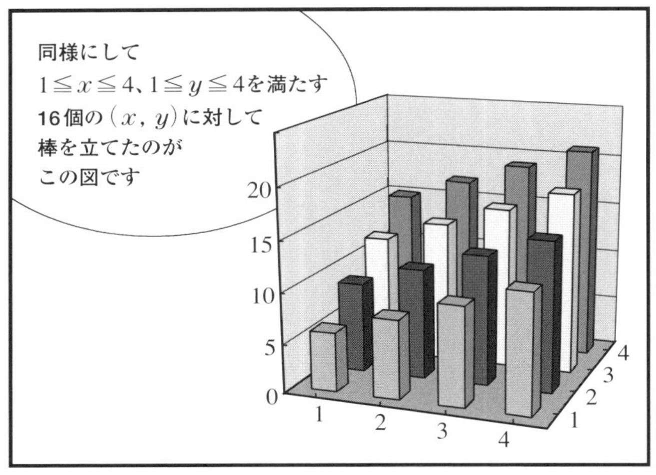
同様にして
$1 \leqq x \leqq 4$、$1 \leqq y \leqq 4$を満たす
16個の(x, y)に対して
棒を立てたのが
この図です
20
15
10
5
0
1
2
3
4
1
2
3
4

これを眺めると
グラフは平面になる
ということが
なんとなく
分かるでしょう?
ほんとだ

まず一番手前の柱が
どのようになっているか
考えてみましょう
左から高さは
$f(1, 1) = 6$, $f(2, 1) = 9$
$f(3, 1) = 12$, $f(4, 1) = 15$
となっています

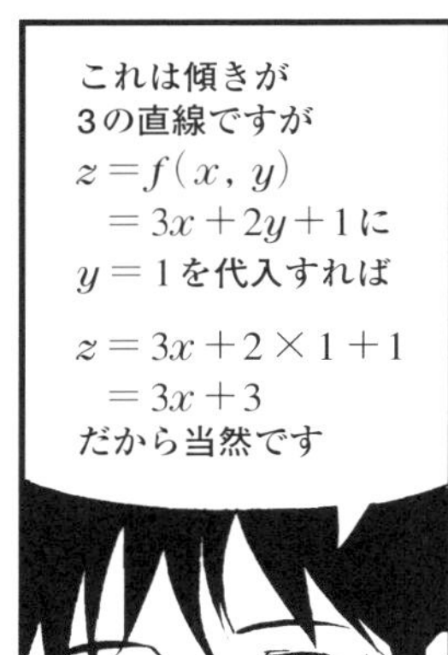
これは傾きが
3の直線ですが
$z = f(x, y)$
$= 3x + 2y + 1$に
$y = 1$を代入すれば
$z = 3x + 2 \times 1 + 1$
$= 3x + 3$
だから当然です

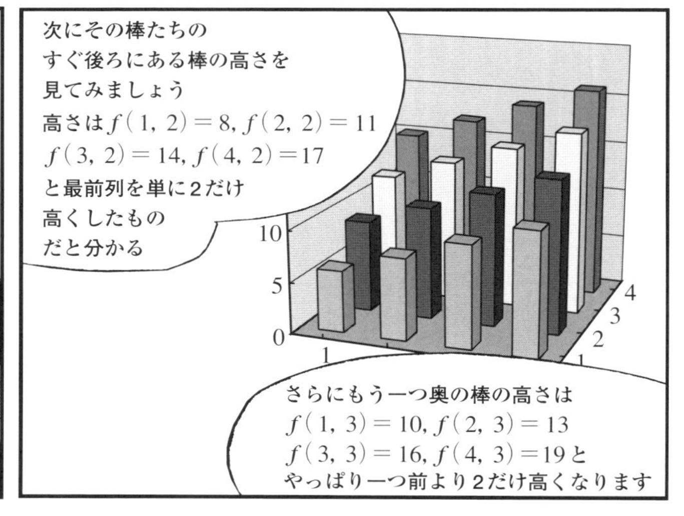
次にその棒たちの
すぐ後ろにある棒の高さを
見てみましょう
高さは$f(1, 2) = 8$, $f(2, 2) = 11$
$f(3, 2) = 14$, $f(4, 2) = 17$
と最前列を単に2だけ
高くしたもの
だと分かる
10
5
0
1
4
3
2
さらにもう一つ奥の棒の高さは
$f(1, 3) = 10$, $f(2, 3) = 13$
$f(3, 3) = 16$, $f(4, 3) = 19$と
やっぱり一つ前より2だけ高くなります

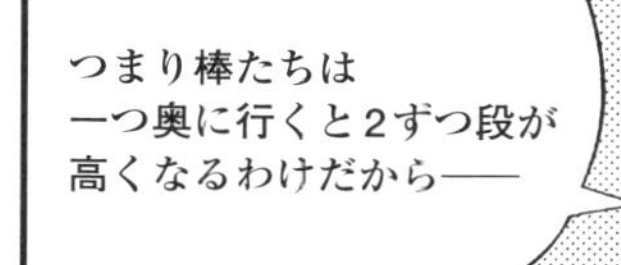

つまり棒たちは
一つ奥に行くと2ずつ段が
高くなるわけだから——

全体としては
棒の先っぽが
平面を作っていると
分かるでしょう
以上をまとめると——

まず
$z=f(x, y)=ax+by$
(定数項cを0としておく)
のグラフを
描きましょう

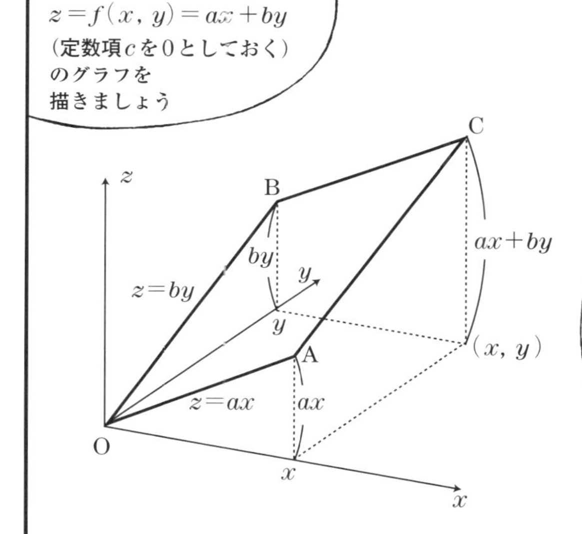

平行四辺形OACBの点Cが床(x, y)の上空にある
グラフの点であり、高さがちょうど$f(x, y)=ax+by$となる

x軸の上空にある
$f(x, y)$のグラフは
yに0を代入して
$z=ax$
これは原点を通り
傾きaの直線OA

y軸の上空にある
$f(x, y)$のグラフは
$x=0$を代入して
$z=by$
これは原点を通り
傾きbの直線OB

すると$f(x, y)$の
グラフはOAとOBに布を
貼り付けて　ピンと張った
テント(平面OACB)
になります

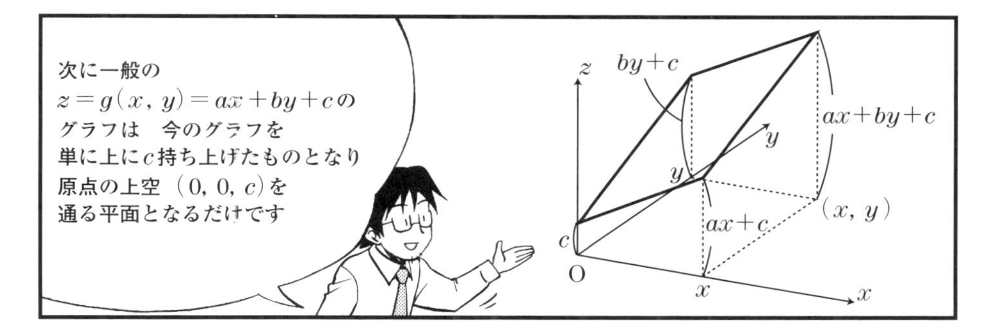

次に一般の
z=g(x, y)=ax+by+cの
グラフは　今のグラフを
単に上にc持ち上げたものとなり
原点の上空 (0, 0, c)を
通る平面となるだけです
z
by+c
ax+by+c
y
y
(x, y)
ax+c
c
O
x
x

今日はここまでにしましょう
あまり身が入ってないようだし
そんなことは
ムッ

ハイ!!
引間くん!

休みたいでしょうけど
最後の授業をしましょう
その代わり終わったら
ごちそうしますよ

残務整理もあるし、
ちょっとバタバタするので
今度の日曜日に
付き合ってもらえませんか?

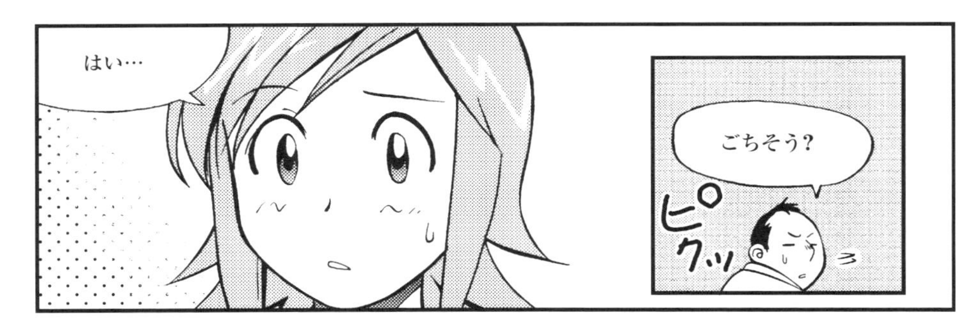
ごちそう?
ピクッ
はい…

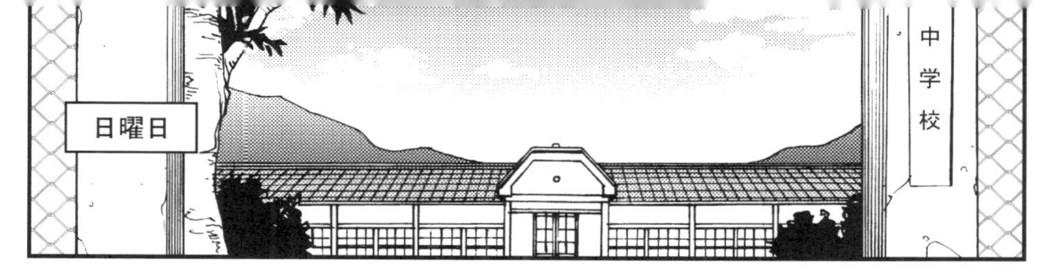
日曜日
中学校

ここで
僕は数学を
学んだんですよ

ここは数年前に
廃校になったんです
へぇ
廃校の取材でも
するんですか?

えっ!?
地元なんですよ
実は

昔から
ちっぽけな学校でした
しかし…
こんなちっぽけな場所でも
世界一の授業を
してくれた人がいたんです

3次元座標系で
2変数関数
$z=f(x, y)=3x+2y+1$を
描くとどうなっぺかなぁ
かける
カン
カン

そんで
このむしろで今
平面OACBを
だな…
ゴロ
ゴロ

先生
むしろの中に
まだ芋が
残ってたよ
どうしよう

これが解けたら蒸して
食べちまえばいいべ
はっはっは
分田近似郎先生
…いい先生でね

…では引間くん
最後の授業を
始めよう
は、はい

3　2変数関数のビブンは偏微分と言う

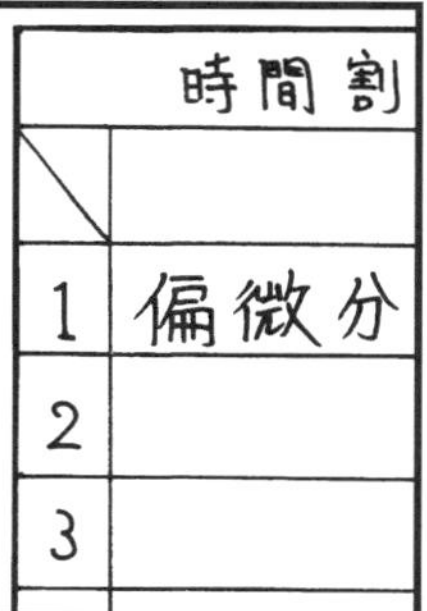

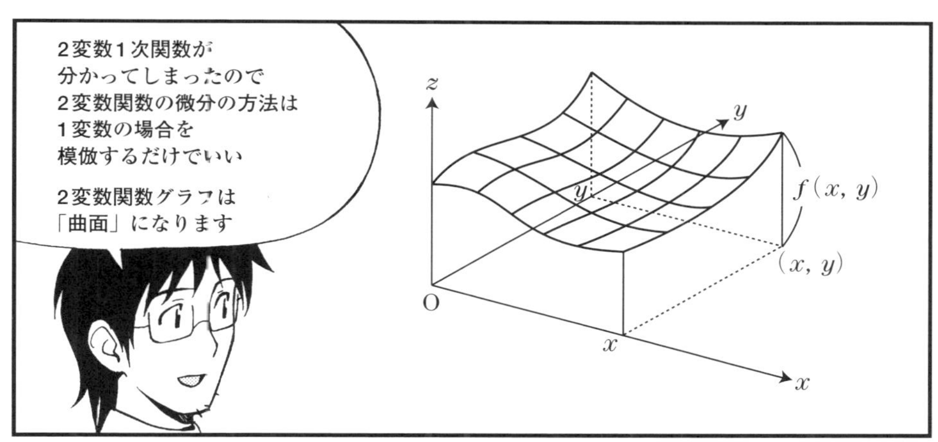

点$(a,\ b)$で高さが$f(a,\ b)$と一致するような2変数1次関数を作りましょう。それは、$L(x,\ y)=p(x-a)+q(y-b)+f(a,\ b)$です。

xにa、yにbを代入すると、

$L(a,\ b)=f(a,\ b)$と

なりますよね。

今、$z=f(x,\ y)$のグラフと、$z=L(x,\ y)$のグラフは、点$A(a,\ b)$の上空では同じ点を通っているが、Aから点$P(a+\varepsilon,\ b+\delta)$に離れると、当然高さはズレてしまう。誤差は、$f(a+\varepsilon,\ b+\delta)-L(a+\varepsilon,\ b+\delta)=f(a+\varepsilon,\ b+\delta)-f(a,\ b)-(p\varepsilon+q\delta)$で、これが$A$から$P$への距離$AP$に比べて、どのくらいの割合かを表すのが、「**誤差率**」です。

$$(\text{誤差率})=\frac{(f\text{と}L\text{の食い違い})}{(AP\text{の距離})}$$

$$=\frac{f(a+\varepsilon,\ b+\delta)-f(a,\ b)-(p\varepsilon+q\delta)}{\sqrt{\varepsilon^2+\delta^2}} \quad \text{―― ①}$$

これでPがAに限りなく近いところでは、fとの食い違いが限りなくゼロに近くなるような$L(x,\ y)$を「真似っこ1次関数」と見なすのです。それには、pとqを求めればいい。pは、図のDEの傾き、qは図のDFの傾きです。

ここでεとδは任意なので、まず$\delta=0$として、分析してみましょう。①は以下のようになりますね。

$$(\text{誤差率})=\frac{f(a+\varepsilon,\ b+0)-f(a,\ b)-(p\varepsilon+q\times 0)}{\sqrt{\varepsilon^2+0^2}}$$

$$=\frac{f(a+\varepsilon,\ b)-f(a,\ b)}{\varepsilon}-p$$

したがって、「$\varepsilon \to 0$」の時、「誤差率→0」ということは、

$$\lim_{\varepsilon \to 0} \frac{f(a+\varepsilon,\ b)-f(a,\ b)}{\varepsilon}=p \qquad \text{——②}$$

を意味しています。これがDEの傾きということですね。

ここで、この左辺は、「1変数の微分」と同一であることを見抜きましょう。つまり、$f(x,\ y)$のyにbを代入し、固定すると、「xだけの」関数$f(x,\ b)$が得られる。この関数の$x=a$での微分係数を求める計算が②の左辺ですよね。

左辺は微分なんだから、これを$f'(a,\ b)$と書きたいのはヤマヤマだけれど、そうしてしまっては、xとyのどっちでfを微分したのか分からないよね。

そこで、

「yをbに固定したまま$x=a$のところで求めたfの微分係数」を$f_x(a,\ b)$と書きます。このf_xを「fのx方向の**偏微分係数**」といいます。これが1変数の微分における「ダッシュ」の代わりの記号です。

$\dfrac{df}{dx}$という書き方に対応している記号としては、$\dfrac{\partial f}{\partial x}(a,\ b)$という記号も使われますね。

まとめると、次のようになります。

「yをbに固定したまま$x=a$のところで求めたx方向での微分係数」

$$f_x(a,\ b)=\frac{\partial f}{\partial x}(a,\ b)\left(\left[\frac{\partial f}{\partial x}\right]_{x=a,\ y=b}\text{とも書く}\right)$$

$$=DE\text{の傾き}$$

まったく同様にして、次のことも分かります。

「xをaに固定したまま$y=b$のところで求めたy方向の微分係数」

$$f_y(a,\ b)=\frac{\partial f}{\partial y}(a,\ b)\left(\left[\frac{\partial f}{\partial y}\right]_{x=a,\ y=b}\right)$$

$$=DF\text{の傾き}$$

以上で次のことが分かります。

$z = f(x, y)$に$(x, y) = (a, b)$の付近での真似っこ1次関数が存在するとすれば、

それは、

$$z = f_x(a, b)(x - a) + f_y(a, b)(y - b) + f(a, b) \qquad ③$$

$$\left(\text{あるいは、} z = \frac{\partial f}{\partial x}(a, b)(x - a) + \frac{\partial f}{\partial y}(a, b)(y - b) + f(a, b)\right)$$

です。※注2

※注2

真似っこ1次関数は、x方向とy方向で$AP \to 0$とした場合に誤差率が0に近づくように求めた。だが、そうして求まった係数$f_x(a, b)$と$f_y(a, b)$に対して作った1次関数が、「あらゆる方向に対して」$AP \to 0$とした時に誤差率→0となるかどうかは、明らかではない。少しアバウトになるが、このことをもう少し追求してみよう。

x-y平面（床）上の原点中心、半径1の円上の点(α, β)をとろう。$\alpha^2 + \beta^2 = 1$である（$\alpha = \cos\theta$、$\beta = \sin\theta$としてもよい）。

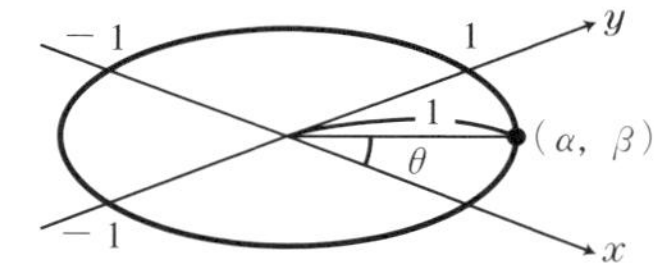

この$(0, 0)$か(α, β)への方向での微分係数を求めてみる。この方向で、長さtの移動は、$(a, b) \to (a + \alpha t, b + \beta t)$となる。①で$\varepsilon = \alpha t$、$\delta = \beta t$とおけば、

$$(\text{誤差率}) = \frac{f(a + \alpha t, b + \beta t) - f(a, b) - (p\alpha t + q\beta t)}{\sqrt{\alpha^2 t^2 + \beta^2 t^2}}$$

$$= \frac{f(a + \alpha t, b + \beta t) - f(a, b)}{\sqrt{\alpha^2 + \beta^2}\ t} - p\alpha - q\beta$$

$$= \frac{f(a + \alpha t, b + \beta t) - f(a, b)}{t} - p\alpha - q\beta \qquad ④ \ (\sqrt{\alpha^2 + \beta^2} = 1 \text{より})$$

ここで、$p = f_x(a, b)$、$q = f_y(a, b)$であるとして、これを次のように変形しよう。

$$④ = \frac{f(a + \alpha t, b + \beta t) - f(a, b + \beta t)}{t} + \frac{f(a, b + \beta t) - f(a, b)}{t}$$

$$- f_x(a, b)\alpha - f_y(a, b)\beta \qquad ⑤$$

ここで、xだけの関数$f(x, b + \beta t)$における$x = a$の微分は、

$f_x(a, b + \beta t)$

であるから、「1変数関数の真似っこ1次関数」より、

$f(a + \alpha t, b + \beta t) - f(a, b + \beta t) \sim f_x(a, b + \beta t)\alpha t$

同様にして、yの方では、

$$f(a,\ b+\beta t)-f(a,\ b)\sim f_y(a,\ b)\beta t$$

これを⑤に代入すると、

$$⑤\sim f_x(a,\ b+\beta t)\alpha+f_y(a,\ b)\beta-f_x(a,\ b)\alpha-f_y(a,\ b)\beta$$
$$=(f_x(a,\ b+\beta t)-f_x(a,\ b))\alpha$$

tが十分0に近ければ、$f_x(a,\ b+\beta t)-f_x(a,\ b)\sim 0$だから

誤差率＝⑤～0　となって、「どんな方向に向けて$AP\to 0$としても、誤差率→0」が示された。

なお、$f_x(a,\ b+\beta t)-f_x(a,\ b)\sim 0\ (t\sim 0)$と言うには、$f_x$の「連続性」が必要だ。連続性がないと、$f_x$、$f_y$が存在しても、すべての方向で微分係数が存在するかどうか分からない。けれども、このような関数は特殊な関数なので、本書では無視して進むことにする。

[計算例]

例1の関数

$h(v,\ t)=vt-4.9t^2$の$(v,\ t)=(100,\ 5)$での偏微分係数を求めよう。

v方向では、$h(v,\ 5)=5v-122.5$を微分して、

$$\frac{\partial h}{\partial v}(v,\ 5)=5 \quad したがって$$

$$\frac{\partial h}{\partial v}(100,\ 5)=h_v(100,\ 5)=5$$

t方向では

$$h(100,\ t)=100t-4.9t^2 を微分し$$

$$\frac{\partial h}{\partial t}(100,\ t)=100-9.8t$$

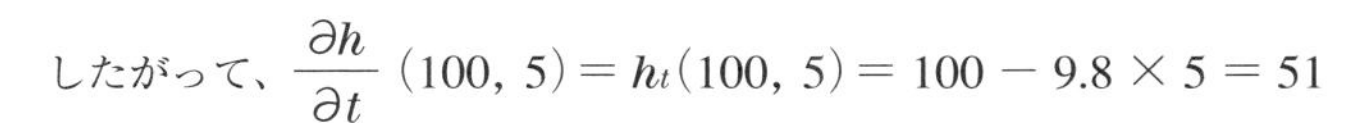

したがって、$\dfrac{\partial h}{\partial t}(100,\ 5)=h_t(100,\ 5)=100-9.8\times 5=51$

真似っこ1次関数は、$L(x,\ y)=5(v-100)+51(t-5)-377.5$

一般には、$\dfrac{\partial h}{\partial v}=t$、$\dfrac{\partial h}{\partial t}=v-9.8t$

よって、$(v,\ t)=(v_0,\ t_0)$の近くでは、

$$h(v,\ t)\sim t_0(v-v_0)+(v_0-9.8t_0)(t-t_0)+h(v_0,\ t_0)$$

まね

次に例2でやってみよう。

$$f(x, y) = \frac{100y}{x+y}$$

$$\frac{\partial f}{\partial x} = f_x = -\frac{100y}{(x+y)^2}$$

$$\frac{\partial f}{\partial y} = f_y = \frac{100(x+y) - 100y \times 1}{(x+y)^2} = \frac{100x}{(x+y)^2}$$

したがって、$(x, y) = (a, b)$の近くでは、

$$f(x, y) \underset{\text{まね}}{\sim} -\frac{100b}{(a+b)^2}(x-a) + \frac{100a}{(a+b)^2}(y-b) + \frac{100b}{a+b}$$

偏微分の定義

$z = f(x, y)$が、ある領域のすべての点(x, y)においてxに関して偏微分可能な時、(x, y)に対してその点でのxに関する偏微分係数$f_x(x, y)$を対応させる関数

$(x, y) \rightarrow f_x(x, y)$

を$z = f(x, y)$の**xに関する偏導関数**と言い

$$f_x,\ f_x(x, y), \frac{\partial f}{\partial x}, \frac{\partial z}{\partial x}$$

などで表す。

同様にこの領域のすべての点(x, y)においてyに関して偏微分可能な時、対応する

$(x, y) \rightarrow f_y(x, y)$

を$z = f(x, y)$の**yに関する偏導関数**と言い

$$f_y,\ f_y(x, y), \frac{\partial f}{\partial y}, \frac{\partial z}{\partial y}$$

などで表す。

偏導関数を求めることを**偏微分する**と言う。

4 全微分の式のながめ方

$z=f(x,\ y)$の$(x,\ y)=(a,\ b)$での真似っこ1次関数から

$$f(x,\ y)\underset{まね}{\sim} f_x(a,\ b)(x-a)+f_y(a,\ b)(x-b)+f(a,\ b)$$

と分かりました。これを

$$f(x,\ y)-f(a,\ b)\underset{まね}{\sim}\frac{\partial f}{\partial x}(a,\ b)(x-a)+\frac{\partial f}{\partial y}(a,\ b)(y-b)\ \text{——⑥}$$

と書き直そう。

$f(x,\ y)-f(a,\ b)$は、点が$(a,\ b)$から$(x,\ y)$へ変化する時の高さ$z(=f(x,\ y))$の増分を意味するので、1変数関数の時に倣って$\varDelta z$と書こう。

また、$x-a$は$\varDelta x$、$y-b$は$\varDelta y$です。

この時⑥式は、

$$\varDelta z\underset{まね}{\sim}\frac{\partial z}{\partial x}\varDelta x+\frac{\partial z}{\partial y}\varDelta y\ \text{——⑦}\left(x\underset{まね}{\sim}a,\ \ y\underset{まね}{\sim}b\right)\text{の時}$$

と書けます。この式の意味は、

「$z=f(x,\ y)$において、xがaから$\varDelta x$だけ増え、yがbから$\varDelta y$だけ増えると、

zは$\dfrac{\partial z}{\partial x}\varDelta x+\dfrac{\partial z}{\partial y}\varDelta y$だけ増える」ということです。

$\dfrac{\partial z}{\partial x}\varDelta x$は、「$y$を$b$に固定した時の$x$方向での増分」、

$\dfrac{\partial z}{\partial y}\varDelta y$は、「$x$を$a$に固定した時の$y$方向の増分」

を表すので、「$z(=f(x,\ y))$の増分がx方向の増分とy方向の増分の和に分解できる」ことを意味します。

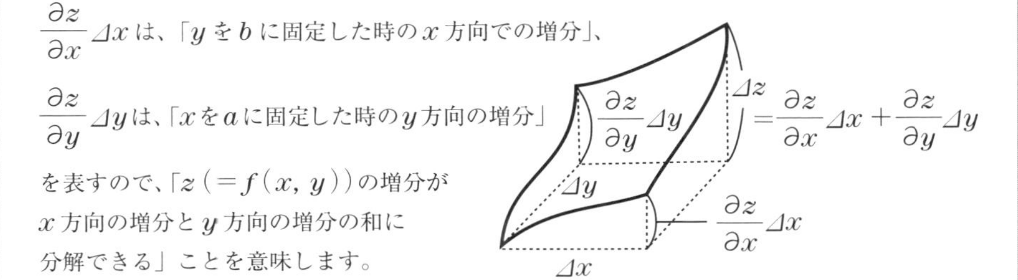

この⑦式を理想化したもの（瞬間化したもの）が、

$$dz = \frac{\partial z}{\partial x}\,dx + \frac{\partial z}{\partial y}\,dy \qquad \text{——} ⑧$$

あるいは

$$df = f_x dx + f_y dy \qquad \text{——} ⑨$$

です。（$\varDelta$→ d と変わる）

⑧や⑨の式を「全微分公式」と呼ぶんだ。

これは言葉で言うと、

（曲面の高さの増分）＝

（x 方向の偏微分係数）×（x 方向の増分）＋（y 方向の偏微分係数）×（y 方向の増分）

ということです。

全微分の式を「例 4」で見てみよう。

単位を適当に変換して、状態方程式を $T = PV$ としておきます。

$$\frac{\partial T}{\partial P} = \frac{\partial (PV)}{\partial P} = V、\ \frac{\partial T}{\partial V} = \frac{\partial (PV)}{\partial V} = P$$

だから、全微分の式は、$dT = VdP + PdV$ と書けます。

近似式に戻すなら、$\varDelta T \underset{\text{まね}}{\sim} V\varDelta P + P\varDelta V$ となります。

これは理想気体における温度の増分は
体積×（圧力の増分）＋圧力×（体積の増分）で
計算されることを意味しています。

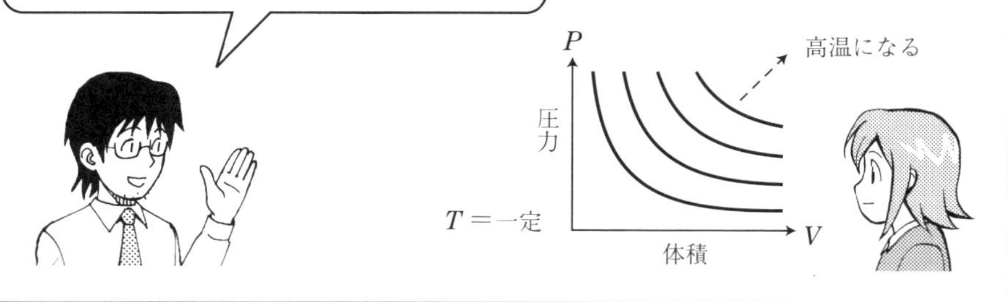

5 極値条件への応用

3時間目
カラーンコローンーン

いいですね
算田町は…
昔とちっとも変わっていない
!

z
y
x
極大点
あの山を2変数関数としてみると山のてっぺんが極大点になります
でーっ！
もう講義が始まっているの…
ガクッ

2変数関数$f(x, y)$でも、極値というのは、グラフが山のてっぺんや谷底となっている時を言います。

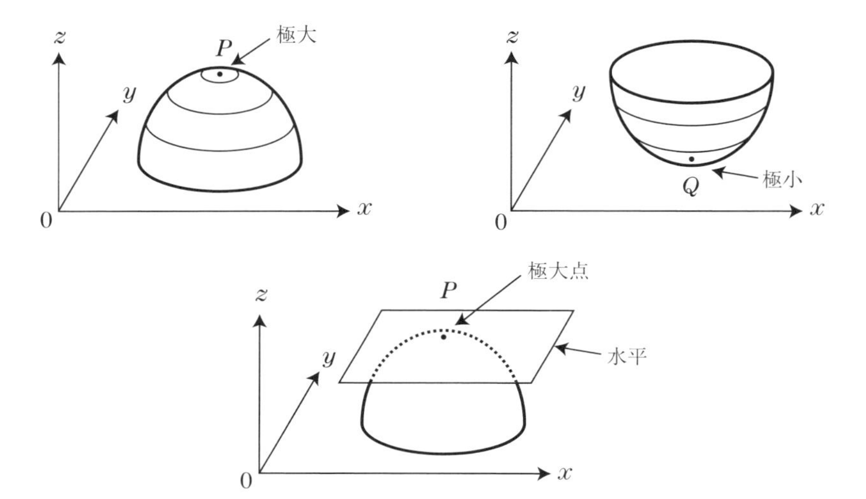

この時、PがQで接する平面は$x-y$平面と平行になるので、真似っこ1次関数、

$$f(x, y) \underset{まね}{\sim} p(x-a)+q(y-b)+f(a, b)$$

において、$p=q=0$のはずです。

ここで$p=\dfrac{\partial f}{\partial x}(=f_x)$、$q=\dfrac{\partial f}{\partial y}(=f_y)$ですから、極値条件は※注3

$f(x, y)$が、$(x, y)=(a, b)$で極値を取るなら、

$$f_x(a, b)=f_y(a, b)=0$$

あるいは、

$$\frac{\partial f}{\partial x}(a, b)=\frac{\partial f}{\partial y}(a, b)=0$$

と分かります。

※注3　これは逆は成り立たない。つまり、$f_x(a, b)=f_y(a, b)=0$ だからといって、$(x, y)=(a, b)$でfが極値を取るとは言えない。したがって、この条件によって、「極値の候補者」がおびき出されるにすぎないのである。

2変数関数の極点では
x 方向と y 方向二つの偏微分係数が
0になっているということです。

$f(x, y) = (x - y)^2 + (y - 2)^2$ の極小値を求めてみよう。答えを先に言いますと、
$(x - y)^2 \geqq 0$、$(y - 2)^2 \geqq 0$ だから、

$$f(x, y) = (x - y)^2 + (y - 2)^2 \geqq 0$$

ここで $x = y = 2$ を代入すると、

$$f(2, 2) = (2 - 2)^2 + (2 - 2)^2 = 0$$

より、すべての (x, y) について $f(x, y) \geqq f(2, 2)$ となります。つまり、$(x, y) = (2, 2)$ の時、
$f(x, y)$ は極小値0を取ります。

さて、$\dfrac{\partial f}{\partial x} = 2(x - y)$　$\dfrac{\partial f}{\partial y} = 2(x - y)(-1) + 2(y - 2) = -2x + 4y - 4$

より、$\dfrac{\partial f}{\partial x} = \dfrac{\partial f}{\partial y} = 0$ だから、

$$\begin{cases} 2x - 2y = 0 \\ -2x + 4y - 4 = 0 \end{cases}$$

が得られ、この連立方程式を解くと、
確かに $(x, y) = (2, 2)$ となります。

ちゃんと合ってる！

6 偏微分を経済に応用しよう

ダグラスが
米国について
調べたところ
その分配率は
約40年間に渡って
おおよそ一定でした
総生産のうち
おおよそ7割（0.7）が
労働に対する賃金、
3割（0.3）が資本所有者への
配当として
分配されていたんです
ふ〜ん
分配率が一定だと
いうのは不思議ですね
経済情勢は刻々と
変わっているのに

この結果を生み出す
生産関数$f(L, K)$が
どんな関数か
知りたいでしょ?
悩んだダグラスも
数学者のチャールズ・コブに
質問したんです

そして発見
されたのが
有名な
「コブ＝ダグラス」型関数
なんです
コブ=ダグラス型関数
$f(L,K)=\beta L^{\alpha}K^{1-\alpha}$

あの…もう少し
私の賃金のこと
詳しく教えて
もらえませんか
では証明して
いきましょう
今までの応用ですよ

まず賃金を労働1単位あたりwとし、資本に対する配当を資本1単位あたりrとしましょう。今、国家を一つの企業と考えて、生産関数を$f(L, K)$とすれば、利潤Πは、

$$\Pi = f(L, K) - wL - rK$$

となります。企業はこれを最大化する労働力Lと、資本量Kを選ぶので、極値条件から

$$\frac{\partial \Pi}{\partial L} = \frac{\partial \Pi}{\partial K} = 0$$

が成り立ちます。

$$0 = \frac{\partial \Pi}{\partial L} = \frac{\partial f}{\partial L} - \frac{\partial (wL)}{\partial L} - \frac{\partial (rK)}{\partial L} = \frac{\partial f}{\partial L} - w \Leftrightarrow w = \frac{\partial f}{\partial L} \quad \text{——①}$$

$$0 = \frac{\partial \Pi}{\partial K} = \frac{\partial f}{\partial K} - \frac{\partial (wL)}{\partial K} - \frac{\partial (rK)}{\partial K} = \frac{\partial f}{\partial K} - r \Leftrightarrow r = \frac{\partial f}{\partial K} \quad \text{——②}$$

つまり、

（賃金）＝（生産関数のLによる偏微分）
（資本への配当）＝（生産関数のKによる偏微分）

というわけです。

ところで国民が労働で受け取る報酬は、（賃金）×（労働量）＝wLです。これが生産物の7割ということは、

$$wL = 0.7f(L, K) \quad \text{——③}$$

同様にして資本の所有者が受け取る報酬については、

$$rK = 0.3f(L, K) \quad \text{——④}$$

となるはず。

①と③から

$$\frac{\partial f}{\partial L} \times L = 0.7f(L, K) \quad \text{——⑤}$$

②と④から

$$\frac{\partial f}{\partial K} \times K = 0.3f(L, K) \quad \text{——⑥}$$

これが成り立つ $f(L, K)$ を数学者コブが解いたわけです。コブが見つけた関数は、

$$f(L, K) = \beta L^{0.7} K^{0.3}$$

です（β は正のパラメータで技術水準を表す）。

本当かどうか、確かめてみましょう。

$$\frac{\partial f}{\partial L} \times L = \frac{\partial(\beta L^{0.7} K^{0.3})}{\partial L} \times L = 0.7\beta L^{(-0.3)} K^{0.3} \times L^{1}$$
$$= 0.7\beta L^{0.7} K^{0.3}$$
$$= 0.7 f(L, K)$$

$$\frac{\partial f}{\partial K} \times K = \frac{\partial(\beta L^{0.7} K^{0.3})}{\partial K} \times K = 0.3\beta L^{0.7} K^{(-0.7)} \times K^{1}$$
$$= 0.3\beta L^{0.7} K^{0.3}$$
$$= 0.3 f(L, K)$$

この生活や
その豊かさの水準の
背後には
偏微分が息づいてる
ってわけですね
国家という
大規模な経済の中に
潜んでいる不思議な法則を
偏微分が明らかにした
というわけです

7 多変数の合成関数に対する偏微分公式は連鎖律

1変数の合成関数は前に習った(14ページだよ)。

$y=f(x)$, $z=g(y)$, $z=g(f(x))$, $(g(f(x)))'=g'(f(x))\ f'(x)$

ここでは、多変数関数の合成関数に対する偏微分公式(連鎖律)を作っておこう。

zがxとyについての2変数関数として、$z=f(x, y)$と表され、xとyがそれぞれtの1変数関数として、$x=a(t)$、$y=b(t)$と表されるとします。この時、zは下図のようにtだけの関数として表すことができる。

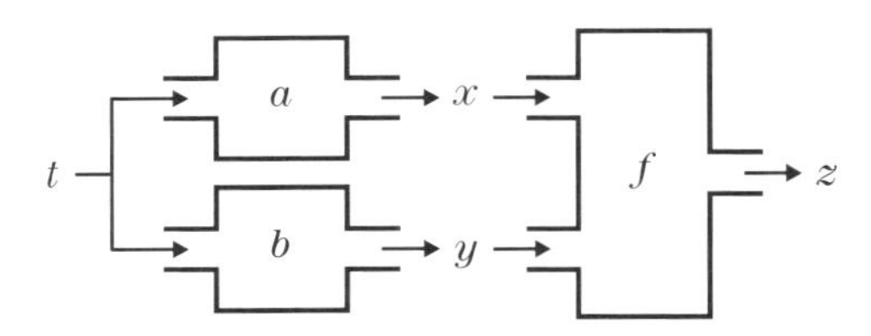

式で書けば、

$$z=f(x, y)=f(a(t), b(t))$$

というわけです。

この時、$\dfrac{dz}{dt}$はどうなるのでしょうか。

$t=t_0$の時、$a(t_0)=x_0$, $b(t_0)=y_0$, $f(x_0, y_0)=f(a(t_0), b(t_0))=z_0$として、いつものように$t_0$, x_0, y_0, z_0のごく近くだけで考えることにしましょう。

$$z-z_0 \underset{まね}{\sim} \alpha\times(t-t_0) \qquad ——①$$

となるαを求めれば、それが$\dfrac{dz}{dt}(t_0)$というわけです。

まず、関数$x=a(t)$の微分から、

$$x-x_0 \underset{まね}{\sim} \frac{da}{dt}(t_0)(t-t_0) \qquad ——②$$

同様に $y = b(t)$ の微分から、

$$y - y_0 \underset{まね}{\sim} \frac{db}{dt}(t_0)(t - t_0) \quad ——③$$

次に、2変数関数 $f(x, y)$ の全微分公式から

$$z - z_0 \underset{まね}{\sim} \frac{\partial f}{\partial x}(x_0, y_0)(x - x_0) + \frac{\partial f}{\partial y}(x_0, y_0)(y - y_0) \quad ——④$$

②③を④に代入すれば、

$$z - z_0 \underset{まね}{\sim} \frac{\partial f}{\partial x}(x_0, y_0)\frac{da}{dt}(t_0)(t - t_0) + \frac{\partial f}{\partial y}(x_0, y_0)\frac{db}{dt}(t_0)(t - t_0)$$

$$= \left(\frac{\partial f}{\partial x}(x_0, y_0)\frac{da}{dt}(t_0) + \frac{\partial f}{\partial y}(x_0, y_0)\frac{db}{dt}(t_0)\right)(t - t_0) \quad ——⑤$$

①と⑤を比較すれば、

$$\alpha = \frac{\partial f}{\partial x}(x_0, y_0)\frac{da}{dt}(t_0) + \frac{\partial f}{\partial y}(x_0, y_0)\frac{db}{dt}(t_0)$$

と、欲しかったものが得られ、次の公式ができる。

公式 6-1 | 連鎖律公式　(Chain rule)

$z = f(x, y)$、$x = a(t)$、$y = b(t)$ の時、

$$\frac{dz}{dt} = \frac{\partial f}{\partial x}\frac{da}{dt} + \frac{\partial f}{\partial y}\frac{db}{dt}$$

関さん
今度は私に授業を
させてください

…いいですよ
久しぶりに生徒に
なってみますか

それでは関くん
今まで習った多変数関数を
使って考えてみましょう

環境問題の
ことを！
！

今
工場が商品を生産する時
その廃棄物が海を汚染し、
漁獲高を減らすような
ケースがあります
工 場

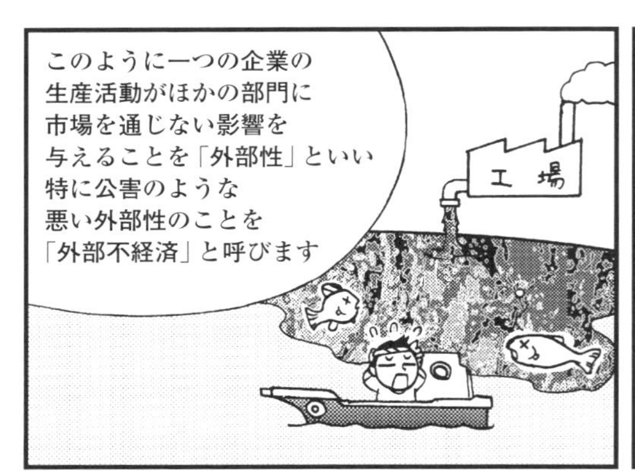
このように一つの企業の
生産活動がほかの部門に
市場を通じない影響を
与えることを「外部性」といい
特に公害のような
悪い外部性のことを
「外部不経済」と呼びます
工 場

今 工場に雇われる労働量を
xとして、商品は$f(x)$
生産されるとする
それと同時に$b=b(f(x))$
の廃棄物が海に排出される
漁業の方は
その漁獲高に
影響を受けます
さて…

漁獲高は労働量yと汚染物bの2変数関数として、$g(y, b)$と表せると仮定します(ここでbの増加にともなって、漁獲高$g(y, b)$は、減少します。すなわち$\dfrac{\partial g}{\partial b}$はマイナスです)。

$g(y, b)=g(y, b(f(x)))$となっていて、変数xが含まれるので、工場の生産が漁業に市場を通じない影響を与えています。これが外部性です。

まず、工場と漁業が自分の利益だけ考えて(利己的に)行動する場合、どうなるか見てみましょう。工場、漁業の賃金はともにw、工場の商品の価格をp、魚の価格をqとすると、工場の利潤Π_1は、

$$\Pi_1(x)=pf(x)-wx \quad \text{——①}$$

であるから、工場はこれを最大化します。極値条件は

$$\frac{d\Pi_1}{dx}=pf'(x)-w=0 \Leftrightarrow pf'(x)=w \quad \text{——②}$$

これを満たすxをx^*としましょう。つまり、

$$pf'(x^*)=w \quad \text{——③}$$

このx^*が、工場の雇う労働量で、商品の生産量は、$f(x^*)$、廃棄物の量は、

$$b^*=b(f(x^*))$$

となります。

次に漁業の利潤、Π_2は、

$$\Pi_2=qg(y, b)-wy$$

ですが、工場の出す廃棄物は$b^*=b(f(x^*))$と決まっているので、

$$\Pi_2=qg(y, b^*)-wy \quad \text{——④}$$

と実質的にyの1変数関数です。Π_2を最大にするには、2変数関数の極値条件のyについての方だけを採用すればよくて、

$$\frac{\partial \Pi_2}{\partial y}=q\frac{\partial g}{\partial y}(y, b^*)-w=0 \Leftrightarrow q\frac{\partial g}{\partial y}(y, b^*)=w \quad \text{——⑤}$$

よって、最適な労働投入量y^*は、$q\dfrac{\partial g}{\partial y}(y^*, b^*)=w$ ——⑥

を満たします。

以上をまとめますと…

このモデルで自由に経済行動をさせる時の工場、漁業の生産量は、

$$pf'(x^*) = w \qquad ③$$

$$b^* = b(f(x^*))、q\frac{\partial g}{\partial y}(y^*, b^*) = w \qquad ⑥$$

を満たすx^*、y^*に対して工場の生産する商品量を$f(x^*)$、漁獲高を$g(y^*, b^*)$とすると

さて、関さん。これが「社会全体」に対して、
ベストなことかを見てみましょう。
工場と漁業の２部門を両方見据えて考えるなら、
両者の利益の合計である
$\Pi_3 = pf(x) + qg(y, b(f(x))) - wx - wy$
を最大化すべきでしょう。

Π_3は、xとyの2変数関数ですから、極値条件は、

$$\frac{\partial \Pi_3}{\partial x} = \frac{\partial \Pi_3}{\partial y} = 0$$

となります。第1の偏微分は、

$$\frac{\partial \Pi_3}{\partial x} = pf'(x) + q\frac{\partial g(y, b(f(x)))}{\partial x} - w$$

$$= pf'(x) + q\frac{\partial g}{\partial b}(y, b(f(x)))\, b'(f(x))\, f'(x) - w$$

(ここで連鎖律(chain rule)を使っている)
したがって、

$$\frac{\partial \Pi_3}{\partial x} = 0 \Leftrightarrow \left(p + q\frac{\partial g}{\partial b}(y, b(f(x)))\, b'(f(x))\right) f'(x) = w \qquad ⑦$$

同様にして、

$$\frac{\partial \Pi_3}{\partial y}=0 \Leftrightarrow q\frac{\partial g}{\partial y}(y, b(f(x)))=w \quad ——⑧$$

したがって、この時の最適な労働投入量を、工場がx^{**}、漁業がy^{**}とするなら

$$\left(p+q\frac{\partial g}{\partial b}(y^{**}, b(f(x^{**})))\,b'(f(x^{**}))\right)f'(x^{**})=w \quad ——⑨$$

$$q\frac{\partial g}{\partial y}(y^{**}, b(f(x^{**})))=w \quad ——⑩$$

を満たすものとなります。
複雑な形をしていますが、要するにこれは2変数の連立方程式の解ということですよね。

さっきの「利己的行動」の方程式③⑥と比べると、⑥と⑩は同じですが、③と⑨が異なっているのが見て取れます。ではどう異なっているのでしょう。

$$p\times f'(x^{*})=w \quad ——③$$

↓

$$(p+♥)\times f'(x^{**})=w \quad ——⑪$$

と♥の部分が出現していたのです。

$\left(♥=q\frac{\partial g}{\partial b}b'(f(x^{**}))\right)$は、マイナスだから、$p+♥$は$p$より小さい。

↑（マイナス）

すると、かけて同じwになるには、$f'(x^{**})$は、$f'(x^{*})$より大きくならないといけません。

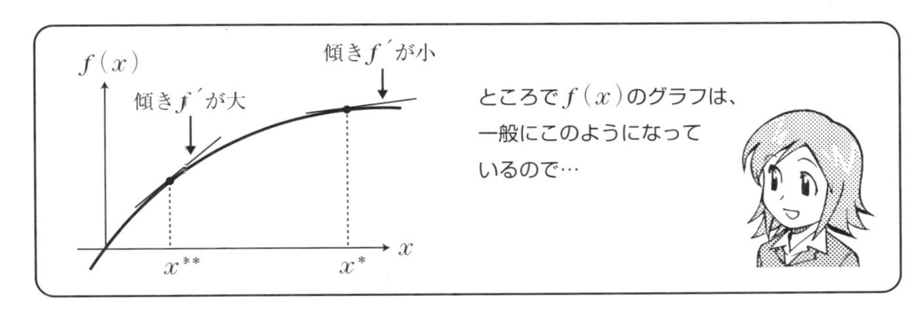

本来、利己的行動を表す
需要曲線と供給曲線の
交点で社会の利益が
最大になるのですが、※
この例のように公害などの
外部不経済がある場合
そうはならないんですね
社会の利益のためには
工場は利己的行動の
時の生産者x^*よりも、
生産量をx^{**}まで
減らすべきなんです

※105ページ参照

それ以外の良い手
それが税金です
税
金

では、工場の生産を
x^*からx^{**}へ
自発的に減少させる
良い手はあるか?
国家が命令して
減らさせると
それは計画経済
すなわち社会主義に
なってしまいます

地球温暖化については
炭素の排出に課税する
炭素税が主張されています
炭素
炭素
税
工場

これを
環境税
と言います
工場が生産をする時に
比例して税金を
徴収する
税
税
工場

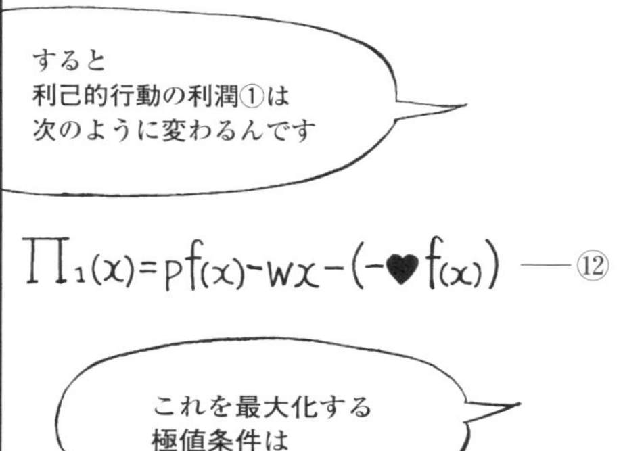

$$\frac{\partial \Pi_1}{\partial x} = pf'(x) - w + ♥f'(x) = 0 \Leftrightarrow (p + ♥)f'(x) = w \quad ⑬$$

⑬は⑨と同じ方程式だから
工場の生産量は
社会の利益を最大化するものと
なるってわけです

…ハイ
先生

数学って…
おもしろい

数日後––

フウ

これで
大体片付いたかな
引っ越し荷物
タ引越しセンター
越しセンター

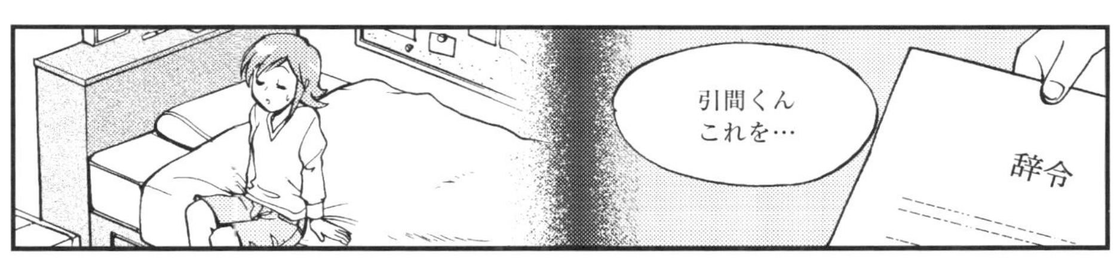
辞令
引間くん
これを…

実は
算田町支局の閉鎖が
決まったんです

増井くんも
です
彼には先に
このことは
伝えています
異動辞令…
私も異動?
関さんだけじゃ
なくて?

うちに
沖縄支局なんて
なかったと
思ってたけど…

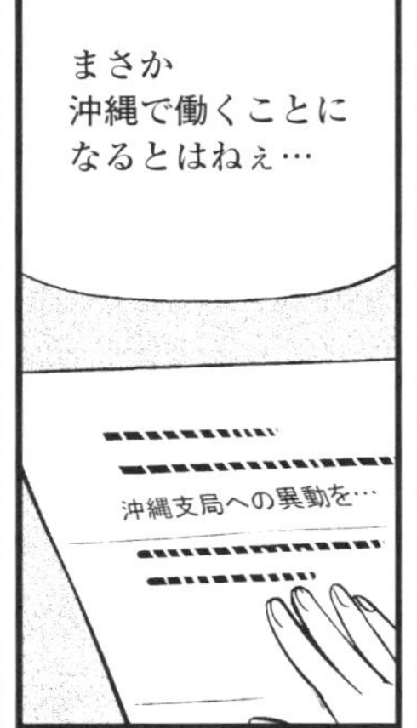
まさか
沖縄で働くことに
なるとはねぇ…
沖縄支局への異動を…

異動先は
追って通知が
きます

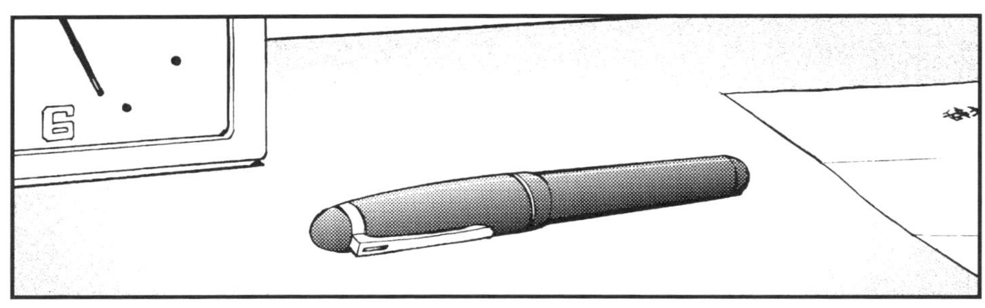

これ　せん別です
これで
いい記事を
書いてくださいね

K企業謝罪
OX湾汚染問題
地元漁協と和解の方向へ
シリーズ
環境と経済
式

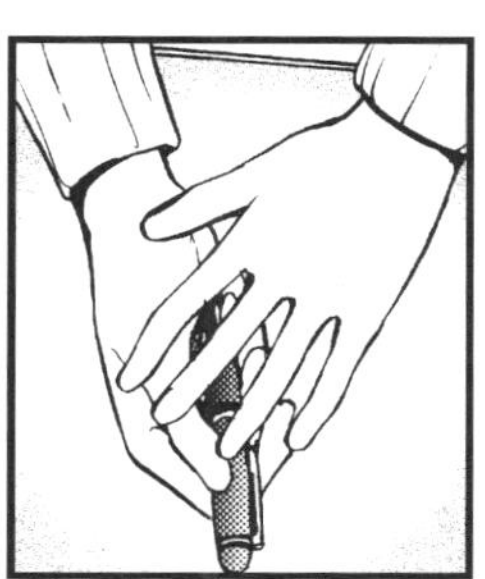

式

引越しセンター
越しセンター
さようなら…

陰関数の導関数

2変数関数 $f(x, y)$ に対して、その値が一定値 c となる点 (x, y) は、$f(x, y) = c$ のグラフを描く。このグラフの一部だけを取り出すと、それが $y = h(x)$ という1変数関数に解ける時、これを「**陰関数**」と言う。陰関数 $h(x)$ は、定義されている x 全体において、$f(x, h(x)) = c$ を満たすものである。この時、$h(x)$ の導関数を求めてみよう。

$z = f(x, y)$ とおくと、全微分の公式から、$dz = f_x dx + f_y dy$ である。(x, y) が、$f(x, y) = c$ のグラフ上を動くなら、関数 $f(x, y)$ の値は変化しないから、z の増分は0なので、$dz = 0$ となる。全微分の公式から、$0 = f_x dx + f_y dy$　$f_y \neq 0$ を仮定し、これを変形すると、$\dfrac{dy}{dx} = -\dfrac{f_x}{f_y}$　この左辺は、グラフ上の点における y の増分を x の増分で割った理想状態の式だから、まさに $h(x)$ の微分係数を表している。したがって、

$$h'(x) = -\frac{f_x}{f_y}$$

例　$f(x, y) = x^2 + y^2$ に対して、$f(x, y) = r^2$ は原点を中心とする半径 r の円になる。この時、$x^2 \neq r^2$ を満たす点 (x, y) の近くでは、$f(x, y) = x^2 + y^2 = r^2$ は陰関数 $y = h(x) = \sqrt{r^2 - x^2}$ あるいは $y = h(x) = -\sqrt{r^2 - x^2}$ と解くことができる。この時、この導関数は公式からこうなる。

$$h'(x) = -\frac{f_x}{f_y} = -\frac{x}{y}$$

第6章 練習問題

1. $f(x, y) = x^2 + 2xy + 3y^2$ について、f_x と f_y を求めよ。

2. 重力加速度 g のもとでの長さ L の振り子の周期 T は、$T = 2\pi\sqrt{\dfrac{L}{g}}$ で与えられる（重力加速度 g は、地表からの高さで変化することが知られている）。

(1) T の全微分の式を作れ。

(2) L を1パーセント長くし、g が2パーセント小さくなると、T はおよそ何パーセント大きくなるか。

3. $f(x, y) = c$ の陰関数 $h(x)$ の微分公式を、連鎖律を使って求めてみよ。

エピローグ

数学って何のためにあるの?

キイイイン
那覇空
かー
あっちいなぁ
こりゃ
まぁ
どこに来たって
頑張るだけだね
さて…と
あさがけ新聞
沖縄支局は
どこですかねぇ…

ドーーン
あさがけ新聞
沖縄支局
ハラ……

やっぱり
わーーーーっ!!

ガラッ
なんか
どこかで見た展開!!

支局長は…?
スタ
スタ

ってか
来たばっかりで
寝てるんじゃ
ない!!
びくっ

まさか…
僕も今さっき
空港から
ここに
来たトコなんだ
まさか
増井さんが
沖縄支局長?
そう…
よかった!

おばあちゃん
ここの新聞社の
偉い人
知りませんか?

あー　あの人なら
いつも海にいるけどね

ザザァ…

来ましたね
二人とも

タッタッタッ…

関さーん!!

関さん!!!

やったー!!
沖縄を
食い尽くすぞー!!
やっぱり
暖かい所で
もう1年
ゆっくり物事を
考えさせて
もらうことに
しました

何のためですか?

関さん
あたし…数学が
何のためにあるのか
分かりました

言葉で
語れないことを
伝えるため…

今夜は何食べます？
ソーキそばとか
いいかなぁ
え!?
ところで
引間くん
あの水平線を
x軸としてね…

ワーイ
明日も
晴れるさ～

〈おわり〉

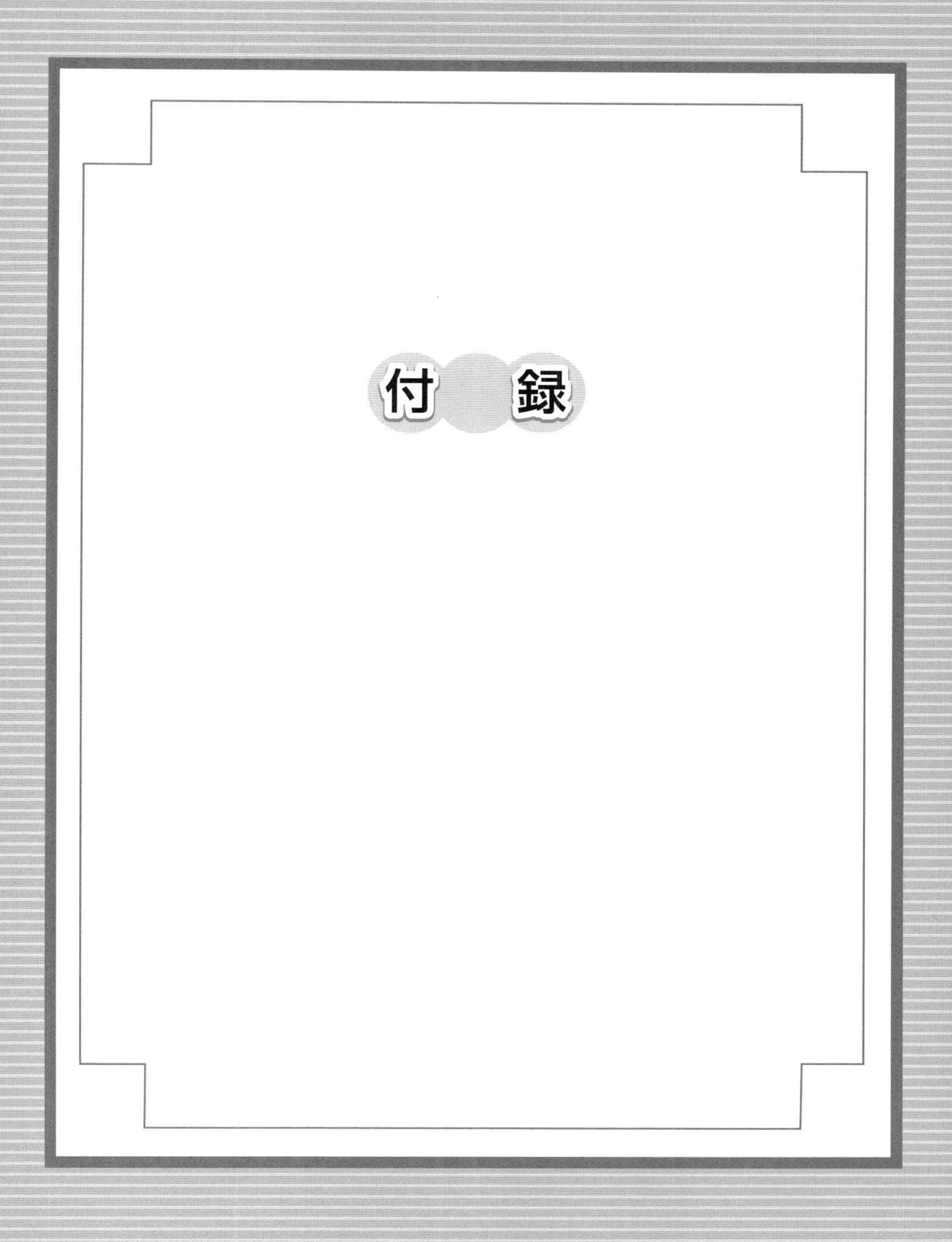

付録

付録A 練習問題の解答・解説

プロローグ

1. $y = \frac{5}{9}(x - 32)$を$z = 7y - 30$に代入して、$z = \frac{35}{9}(x - 32) - 30$

第1章

1. (1) $f(5) = g(5) = 50$　　(2) $f'(5) = 8$

2. $\lim_{\varepsilon \to 0} \frac{f(a+\varepsilon) - f(a)}{\varepsilon} = \lim_{\varepsilon \to 0} \frac{(a+\varepsilon)^3 - a^3}{\varepsilon} = \lim_{\varepsilon \to 0} \frac{3a^2\varepsilon + 3a\varepsilon^2 + \varepsilon^3}{\varepsilon}$

$= \lim_{\varepsilon \to 0}(3a^2 + 3a\varepsilon + \varepsilon^2) = 3a^2$

よって、$f(x)$の導関数は、$f'(x) = 3x^2$

第2章

1. $f'(x) = -\frac{(x^n)'}{(x^n)^2} = -\frac{nx^{n-1}}{x^{2n}} = -\frac{n}{x^{n+1}}$

2. $f'(x) = 3x^2 - 12 = 3(x - 2)(x + 2)$

$x < -2$ならば$f'(x) > 0$　$-2 < x < 2$ならば$f'(x) < 0$　$2 < x$ならば$f'(x) > 0$　したがって、$x = -2$極大値$f(-2) = 16$、$x = 2$で極小値$f(2) = -16$

3. (1) $f(x) = (1 - x)^3$は$g(x) = x^3$と$h(x) = 1 - x$とを合成した$g(h(x))$であるから、

$f'(x) = g'(h(x))h'(x) = 3(1 - x)^2(-1) = -3(1 - x)^2$

(2) $g(x) = x^2(1 - x)^3$を微分すると、$g'(x) = (x^2)'(1 - x)^3 + x^2((1 - x)^3)'$

$= 2x(1 - x)^3 + x^2(-3(1 - x)^2) = x(1 - x)^2(2(1 - x) - 3x)$

$= x(1 - x)^2(2 - 5x)$

よって、$x = \frac{2}{5}$で最大値$f\left(\frac{2}{5}\right) = \frac{108}{3125}$

第3章

1. (1) $\int_1^3 3x^2 dx = 3^3 - 1^3 = 26$

(2) $\int_2^4 \frac{x^3+1}{x^2}dx = \int_2^4 x + \frac{1}{x^2}dx = \int_2^4 xdx + \int_2^4 \frac{1}{x^2}dx$

$$= \frac{1}{2}(4^2-2^2) - \left(\frac{1}{4}-\frac{2}{4}\right) = \frac{25}{4}$$

(3) $\int_0^5 x+(1+x^2)^7dx + \int_0^5 x-(1+x^2)^7dx = \int_0^5 2xdx = 5^2-0^2 = 25$

2. (1) $y=f(x)=x^2-3x$ のグラフと x 軸とが囲む面積 $= -\int_0^3 x^2-3xdx$

(2) $-\int_0^3 x^2-3xdx = -\frac{1}{3}(3^3-0^3)+\frac{3}{2}(3^2-0^2) = \frac{9}{2}$

第4章

1. (1) $(\tan x)' = \left(\frac{\sin x}{\cos x}\right)' = \frac{(\sin x)'\cos x - \sin x(\cos x)'}{\cos^2 x}$

$$= \frac{\cos^2 x + \sin^2 x}{\cos^2 x} = \frac{1}{\cos^2 x}$$

(2) $(\tan x)' = \frac{1}{\cos^2 x}$ であるから、

$$\int_0^{\frac{\pi}{4}} \frac{1}{\cos^2 x}dx = \tan\frac{\pi}{4} - \tan 0 = 1$$

2. $f'(x) = (x)'e^x + x(e^x)' = e^x + xe^x = (1+x)e^x$ より、

最小値は $f(-1) = -\frac{1}{e}$

3. $f(x)=x^2$、$g(x)=\log x$ とおいて部分積分。

$$\int_1^e (x^2)'\log xdx + \int_1^e x^2(\log x)'dx = e^2\log e - \log 1$$

したがって、$\int_1^e 2x\log xdx + \int_1^e x^2\frac{1}{x}dx = e^2$

$$\int_1^e 2x\log xdx = -\int_1^e xdx + e^2 = -\frac{1}{2}(e^2-1)+e^2 = \frac{1}{2}e^2+\frac{1}{2}$$

第5章

1. $f(x) = e^{-x}$ に対して、$f'(x) = -e^{-x}$、$f^{(2)}(x) = e^{-x}$、
$f^{(3)}(x) = -e^{-x}$、……より、

$$f(x) = 1 - x + \frac{1}{2!}x^2 - \frac{1}{3!}x^3 + \cdots\cdots$$

2. $f(x) = (\cos x)^{-1}$ を微分する。$f'(x) = (\cos x)^{-2}\sin x$、

$$\begin{aligned} f^{(2)}(x) &= 2(\cos x)^{-3}(\sin x)^2 + (\cos x)^{-2}\cos x \\ &= 2(\cos x)^{-3}(\sin x)^2 + (\cos x)^{-1}, \end{aligned}$$

つまり $f(0) = 1$、$f'(0) = 0$、$f^{(2)}(0) = 1$ より、

2次近似は、$f(x) = 1 + \dfrac{1}{2}x^2$

3. マンガと全く同じに行なえばよい。つまり、順次微分して $x = a$ を代入すればいい。

第6章

1. $f(x, y) = x^2 + 2xy + 3y^2$ に対し、$f_x = 2x + 2y$ と $f_y = 2x + 6y$

2. $T = 2\pi\sqrt{\dfrac{L}{g}} = 2\pi g^{-\frac{1}{2}}L^{\frac{1}{2}}$ の全微分の式は、

$$dT = \frac{\partial T}{\partial g}dg + \frac{\partial T}{\partial L}dL = -\pi g^{-\frac{3}{2}}L^{\frac{1}{2}}dg + \pi g^{-\frac{1}{2}}L^{-\frac{1}{2}}dL$$

よって、$\varDelta T \sim -\pi g^{-\frac{3}{2}}L^{\frac{1}{2}}\varDelta g + \pi g^{-\frac{1}{2}}L^{-\frac{1}{2}}\varDelta L$

ここで、$\varDelta g = -0.02g$、$\varDelta L = 0.01L$ を代入すると、

$$\begin{aligned} \varDelta T \sim 0.02\pi g^{-\frac{3}{2}}L^{\frac{1}{2}}g + 0.01\pi g^{-\frac{1}{2}}L^{-\frac{1}{2}}L = 0.03\pi g^{-\frac{1}{2}}L^{\frac{1}{2}} &= 0.03\frac{T}{2} \\ &= 0.015T \end{aligned}$$

3. $f(x, y) = c$ の陰関数を $y = h(x)$ とすると、x の近くでは、$f(x, h(x)) = c$
したがって、この範囲では左辺は定数関数となるので、

$\dfrac{df}{dx} = 0$ 連鎖律公式より $\dfrac{df}{dx} = f_x + f_y h'(x) = 0$

したがって、$h'(x) = -\dfrac{f_x}{f_y}$

付録B 本書で扱った主要な公式・定理・関数

1次方程式（1次関数）

点 (a, b) を通り，傾き m の直線の方程式

$$y = m(x - a) + b$$

微分

◇微分係数

$$f'(a) = \lim_{h \to 0} \frac{f(a+h) - f(a)}{h}$$

◇導関数

$$f'(x) = \lim_{h \to 0} \frac{f(x+h) - f(x)}{h}$$

その他の導関数の記号

$$\frac{dy}{dx}, \frac{df}{dx}, \frac{d}{dx} f(x)$$

◇定数倍

$$\{\alpha f(x)\}' = \alpha f'(x)$$

◇ n 次の関数の導関数

$$\{x^n\}' = nx^{n-1}$$

◇和の微分

$$\{f(x) + g(x)\}' = f'(x) + g'(x)$$

◇積の微分

$$\{f(x)\, g(x)\}' = f'(x)\, g(x) + f(x)\, g'(x)$$

◇商の微分

$$\left\{\frac{g(x)}{f(x)}\right\}' = \frac{g'(x)\, f(x) - g(x)\, f'(x)}{\{f(x)\}^2}$$

◇合成関数の微分

$$\{g(f(x))\}' = g'(f(x))\, f'(x)$$

◇逆関数の微分

$y = f(x)$，$x = g(y)$ の時

$$g'(y) = \frac{1}{f'(x)}$$

◇極　値

$y = f(x)$ が $x = a$ で極大点か極小点となるなら $f'(a) = 0$

$f'(a) > 0$ となる $x = a$ の近辺では、$y = f(x)$ は増加状態

$f'(a) < 0$ となる $x = a$ の近辺では、$y = f(x)$ は減少状態

◇平均値の定理

a, b $(a < b)$ に対して、$a < \zeta < b$ なる ζ で

$$f(b) = f'(\zeta)(b - a) + f(a)$$

有名関数の微分

◇三角関数

$$\{\cos\theta\}' = -\sin\theta,\ \{\sin\theta\}' = \cos\theta$$

◇指数関数

$$\{e^x\}' = e^x$$

◇対数関数

$$\{\log x\}' = \frac{1}{x}$$

積　分

◇定積分

$F'(x) = f(x)$ の時

$$\int_a^b f(x)\ dx = F(b) - F(a)$$

◇定積分の区間の接続

$$\int_a^b f(x)\ dx + \int_b^c f(x)\ dx = \int_a^c f(x)\ dx$$

◇定積分の和

$$\int_a^b \{f(x) + g(x)\}dx = \int_a^b f(x)\ dx + \int_a^b g(x)\ dx$$

◇定積分の定数倍

$$\int_a^b \alpha f(x)\ dx = \alpha \int_a^b f(x)\ dx$$

◇置換積分

$x = g(y)$, $b = g(\beta)$, $a = g(\alpha)$ の時

$$\int_a^b f(x)\ dx = \int_\alpha^\beta f(g(y))\ g'(y)\ dy$$

◇部分積分

$$\int_a^b f'(x)g(x)\ dx + \int_a^b f(x)g'(x)\ dx = f(b)g(b) - f(a)g(a)$$

■ テイラー展開

$f(x)$ が、$x=a$ の近くでテイラー展開を持つ時

$$f(x)=f(a)+\frac{1}{1!}f'(a)(x-a)+\frac{1}{2!}f''(a)(x-a)^2$$
$$+\frac{1}{3!}f'''(a)(x-a)^3+\cdots\cdots+\frac{1}{n!}f^{(n)}(a)(x-a)^{(n)}+\cdots$$

◇いろいろな関数のテイラー展開

$$\cos x=1-\frac{1}{2!}x^2+\frac{1}{4!}x^4+\cdots\cdots+(-1)^n\frac{1}{(2n)!}x^{2n}+\cdots$$

$$\sin x=x-\frac{1}{3!}x^3+\frac{1}{5!}x^5+\cdots\cdots+(-1)^{n-1}\frac{1}{(2n-1)!}x^{2n-1}+\cdots$$

$$e^x=1+\frac{1}{1!}x+\frac{1}{2!}x^2+\frac{1}{3!}x^3+\frac{1}{4!}x^4+\cdots\cdots+\frac{1}{n!}x^n+\cdots$$

$$\log(1+x)=x-\frac{1}{2}x^2+\frac{1}{3}x^3-\frac{1}{4}x^4+\cdots\cdots+(-1)^{n+1}\frac{1}{n}x^n+\cdots$$

■ 偏微分

◇偏微分

$$\frac{\partial f}{\partial x}=\lim_{h\to 0}\frac{f(x+h,y)-f(x,y)}{h}$$

$$\frac{\partial f}{\partial y}=\lim_{k\to 0}\frac{f(x,y+k)-f(x,y)}{k}$$

◇全微分

$$dz=\frac{\partial z}{\partial x}dx+\frac{\partial z}{\partial y}dy$$

◇連鎖律公式（Chain rule）

$z=f(x,y)$、$x=a(t)$、$y=b(t)$ の時、

$$\frac{dz}{dt}=\frac{\partial f}{\partial x}\frac{da}{dt}+\frac{\partial f}{\partial y}\frac{db}{dt}$$

索引

数

英

あ

か

さ

◆著者略歴

小島　寛之（こじま　ひろゆき）

1958 年生まれ。東京大学理学部数学科卒業。
同大学院経済学研究科博士課程単位取得退学。
現在、帝京大学経済学部経済学科教授。専門は、数理経済学。経済学博士。

著　書

『ゼロから学ぶ微分積分』（講談社サイエンティフィク）／講談社
『ゼロから学ぶ線形代数』（講談社サイエンティフィク）／講談社
『完全独習 統計学入門』／ダイヤモンド社
『完全独習 ベイズ統計学入門』／ダイヤモンド社
『確率を攻略する』／講談社ブルーバックス

◆制　　作　株式会社ビーコムプラス
医学、理工系の専門編集プロダクションとして2012年に株式会社ビーコムより分社。
マンガやイラスト表現を多用した書籍、雑誌を企画・編集から制作まで一貫して手がける。
Tel：03-3262-1161　Fax：03-3262-1162
URL：http://www.becom.jp/

◆シナリオ　西田真二郎・しまだえいじ

◆作　　画　十神　　真（とがみ　しん）

◆カバーデザイン　伊丹　祐喜

◆本文デザイン　四宮　涼子

◆編集・組版協力　脇田　勇一

微積音頭 —三角関数バージョン—

野暮な理屈も音頭で分かる
ビブンセキブンチョイトな～

サイン・コサイン
輪の中で
微分積分やっちゃうよ

サインの微分は
コサインで

コサイン積分
サインになるよ～

サイン・コサイン
輪の中で
微分・積分で
入れ替わる～

本書は2005年12月発行の「マンガでわかる微分積分」を、判型を変えて出版するものです。

ぷち　マンガでわかる微分積分

平成28年7月7日　　第1版第1刷発行

著　者　小島寛之
作　画　十神　真
制　作　ビーコムプラス
発行者　村上和夫
発行所　株式会社 オーム社
郵便番号　101-8460
東京都千代田区神田錦町3-1
電話　03(3233)0641(代表)
URL　http://www.ohmsha.co.jp/

印刷・製本　壮光舎印刷
ISBN978-4-274-21914-6　Printed in Japan